自動車エンジンのモデリングと制御

―― MATLAB エンジンシミュレータ ――
CD–ROM 付

申 鉄龍　大畠 明

編著

コロナ社

執筆者一覧

1章	申　鉄龍（しん　てつりゅう）	（上智大学）
	大畠　明（おおはた　あきら）	（トヨタ自動車株式会社）
	加古　純一（かこ　じゅんいち）	（トヨタ自動車株式会社）
2章	申　鉄龍	（上智大学）
	大畠　明	（トヨタ自動車株式会社）
3章	申　鉄龍	（上智大学）
4章	早川　義一（はやかわ　よしかず）	（名古屋大学）
	神保　智彦（じんぼ　ともひこ）	（株式会社豊田中央研究所）
5章	山北　昌毅（やまきた　まさき）	（東京工業大学）
	六所　俊博（ろくしょ　としひろ）	（東京工業大学）
6章	大森　浩充（おおもり　ひろみつ）	（慶應義塾大学）
7章	大貝　晴俊（おおがい　はるとし）	（早稲田大学）
	小川　雅俊（おがわ　まさとし）	（早稲田大学）
8章	劉　康志（りゅう　こうし）	（千葉大学）
付録	大畠　明	（トヨタ自動車株式会社）
	加古　純一	（トヨタ自動車株式会社）

（2011年1月現在）

まえがき

　現在の自動車にはさまざまな電子制御技術が使われており，「自動車は制御なしには走ることができない」といわれて久しい。自動車エンジン制御は，走行性能や安全はもちろん，排気ガスのクリーン化・低燃費化などのさまざまな要求を高度なレベルで満足しなければならない。このため，エンジン制御技術はますます複雑化・高度化しており，技術者が短期間で必要な技術を習得することは大変難しくなっている。したがって，制御理論に基づくシステマティックな制御系設計への期待は高いのだが，企業の開発現場では現象論に基づくヒューリスティックな開発方法が主流であり，制御理論の貢献度は増えていない。つまり，先端の制御理論を開発する大学とそれを活用する企業との間にはギャップが存在している。

　多くの日本の制御工学研究者は，エンジン実験設備にアクセスすることが難しく，制御実験を自ら行うことができない。仮に実験設備があったとしても設備は旧式であり，欧米と比べて大きく立ち遅れている。このため，制御対象のモデル構築の難しさ，アクチュエータの性能限界やセンサ動作と精度の限界，ほかの制御との干渉など実用上の課題を知ることは大変難しい。大学における制御系設計の学習では，定式化された簡単なモデルが与えられ，かつ実用上の制約を無視し，非常に簡単化された制御目的に対して制御系を設計する理想化された課題が与えられる。しかし，現実の設計は，各種の手法を組み合わせて，これらの実用的な問題をうまく調停することが必要である。制御対象のモデリングの学習では，簡単なモデル要素を組み合わせて複雑なモデルを作成するというきわめて基本的なことを学ぶ。実際の問題では，初めから複雑なシステムが与えられるので，システムを構成要素に分解し，必要な構成要素のモデルを作成するところから始めなければならない。すなわち，実際の制御開発の制約

や要求を伴うプロセスに即した学習が重要であるが，大学では実際のエンジンを用いた制御実験ができないために，勢い抽象的な理論展開が主体になりがちである．一方，企業においては，制御理論を適用するための制御対象モデル開発が困難であるという状況が改善されず，現実的な制約や目標を定式化することも難しいため，制御理論応用の開始点にすらたどり着けないことが多い．

このギャップを解消するための糸口を探るため，2006年4月より2009年3月までSICE（計測自動制御学会）の制御部門に「エンジン・パワートレイン先端制御理論調査研究会」が設立された．SICEには多くの研究委員会があるが，これまでにこのような問題意識を前面に押し出した活動は初めてのものであろう．15以上の企業および15以上の大学から委員が参加しており，おもな活動の一つとして，エンジン制御問題の中でも難しいといわれる始動時のエンジン速度制御問題「SICEベンチマーク問題」（詳細は本書付録Aを参照されたい）を立ち上げ，委員会内外からの挑戦を呼び掛けた．その結果，多くの制御工学研究者から興味を示され，制御理論研究者だけではなく，現場開発者の先端理論によるエンジン制御応用への関心を集める結果となったのである．本書の執筆者は全員この委員会のメンバーであり，SICEベンチマーク問題の挑戦者でもある．3章以降各章で紹介するエンジン制御系設計手法は，それぞれ独自のアプローチから得られた結果である．

最後に，同研究会がベンチマーク挑戦結果の検証用として公開したエンジン始動制御シミュレータは，自動車産業開発現場の研究者によって作成されたことも意味深い．これは，この研究活動が先端制御理論研究のフロンティアと開発現場の現実の両側面に足をおろしていたことを意味する．そのシミュレータをこの本とともに公開することによって，より多くの制御理論研究者と開発現場の方々の関心が集まることを期待する．また，本書と付属CD-ROMに収録されているシミュレータは，大学で勉強する学生諸君にもよい参考書になるに違いない．

2011年1月

申　鉄龍
大畠　明

目　　　次

1. 序　論

1.1 エンジンのモデリングと制御 ……………………………………… *1*
1.2 エンジン制御のための制御理論課題 ……………………………… *4*
1.3 本書の内容 …………………………………………………………… *7*
引用・参考文献 …………………………………………………………… *10*

2. エンジンの動特性とモデリング

2.1 エンジンの概要とモデルの変遷 …………………………………… *11*
　2.1.1 エンジンの概要 ………………………………………………… *11*
　2.1.2 エンジンモデルの変遷 ………………………………………… *12*
2.2 基本法則 ……………………………………………………………… *15*
2.3 モデルの導出 ………………………………………………………… *18*
　2.3.1 吸気パス ………………………………………………………… *18*
　2.3.2 燃料パス ………………………………………………………… *22*
　2.3.3 トルク生成 ……………………………………………………… *23*
　2.3.4 クランクシャフトの回転運動 ………………………………… *29*
2.4 モデルのまとめとシミュレーション例 …………………………… *30*
2.5 補足説明：ノズルを通過する気体の流量 ………………………… *33*
引用・参考文献 …………………………………………………………… *39*

3. モデルに基づく速度制御

- 3.1 平均値モデル ………………………………………………………… 40
    - 3.1.1 モデルの導出 …………………………………………………… 40
    - 3.1.2 同定結果 ………………………………………………………… 43
- 3.2 速度制御系設計 ……………………………………………………… 45
    - 3.2.1 制御則 ……………………………………………………………… 45
    - 3.2.2 安定性解析 ………………………………………………………… 46
    - 3.2.3 実験結果 …………………………………………………………… 52
- 3.3 冷間始動速度制御系設計 …………………………………………… 54
    - 3.3.1 燃料パス制御 ……………………………………………………… 55
    - 3.3.2 点火時期とスロットルの協調制御 ……………………………… 57
    - 3.3.3 シミュレーション検証 …………………………………………… 59
- 引用・参考文献 …………………………………………………………… 63

4. 役割変数を用いた物理モデルベース制御

- 4.1 モデリングと制御仕様 ……………………………………………… 65
- 4.2 周期離散時間モデルの導出 ………………………………………… 68
    - 4.2.1 サンプル点 ………………………………………………………… 68
    - 4.2.2 連続時間モデルの近似解析解 …………………………………… 69
- 4.3 時不変離散時間モデルへの等価変換 ……………………………… 78
- 4.4 Floquet 定理に基づく制御系設計 ………………………………… 81
    - 4.4.1 問題の定式化 ……………………………………………………… 82
    - 4.4.2 Floquet 変換 ……………………………………………………… 83
    - 4.4.3 非同次系の時不変系へ等価変換 ………………………………… 86

4.5	制御設計例	87
引用・参考文献		91

5. フィードフォワード・フィードバック切替え型制御法

5.1	PSOによる最適入力列の探索	94
5.2	Cooperative PSO	95
5.3	性能テスト	96
5.4	関数近似	97
5.5	局所モデルによるJITモデリング	99
	5.5.1 ARXモデルの同定アルゴリズム	99
	5.5.2 ARXモデルを用いたJIT法	100
5.6	一般化予測制御（GPC）の設計	101
	5.6.1 一般化予測制御（GPC）	101
	5.6.2 JITモデリングを用いたGPC	103
5.7	空燃比制御	103
5.8	点火時期の制御	106
5.9	ノミナルモデルによる数値シミュレーション	109
5.10	バラツキ問題	110
	5.10.1 バラツキに関する仕様	111
	5.10.2 各種バラツキパラメータの影響	111
5.11	バラツキ問題に対する関数近似	114
	5.11.1 入出力設定	114
	5.11.2 学習シミュレーション	115
5.12	バラツキのあるモデルによる数値シミュレーション	116
引用・参考文献		119

6. 吸気バルブリフト量に着目したエンジン制御

6.1 SI エンジン始動制御 ································· *120*
    6.1.1 吸気流量法による筒内吸入空気量の推定 ·············· *122*
    6.1.2 吸気バルブリフト量制御（離散型極値探索制御）········· *123*
    6.1.3 シミュレーション結果と考察 ······················· *127*
6.2 SI エンジンのトルクデマンド制御 ······················ *132*
    6.2.1 問 題 設 定 ···································· *133*
    6.2.2 吸気バルブリフト量に注目したトルクデマンド制御 ······· *134*
    6.2.3 ベンチマークテストと考察 ························· *142*
引用・参考文献 ·· *149*

7. 大規模データベースオンラインモデリング

7.1 大規模データベースオンラインモデリング（LOM）·········· *151*
    7.1.1 JIT モデリング ·································· *152*
    7.1.2 LOM ··· *157*
7.2 LOM の筒内吸入空気量予測への応用 ····················· *162*
    7.2.1 筒内吸入空気量の予測適用例 ······················· *162*
    7.2.2 筒内吸入空気量の予測精度 ························· *166*
7.3 LOM を用いたエンジン始動制御系設計 ··················· *168*
    7.3.1 制御対象および問題設定 ··························· *168*
    7.3.2 コントローラの設計 ······························· *168*
    7.3.3 制御シミュレーション ····························· *171*
引用・参考文献 ·· *173*

8. 探索的モデル予測制御によるエンジン始動制御

8.1 制御系設計の指針 ………………………………………… *176*
    8.1.1 燃料噴射量 ………………………………………… *176*
    8.1.2 スロットル開度 ……………………………………… *177*
    8.1.3 点火時期 …………………………………………… *178*
8.2 燃料噴射量制御 …………………………………………… *180*
8.3 点火時期制御 ……………………………………………… *181*
    8.3.1 探索的 MPC の概要 ………………………………… *182*
    8.3.2 予測モデル ………………………………………… *183*
    8.3.3 予測期間 …………………………………………… *186*
    8.3.4 目標軌道と評価関数 ………………………………… *188*
    8.3.5 点火時期決定方法 …………………………………… *189*
8.4 数値シミュレーション ……………………………………… *191*
引用・参考文献 ……………………………………………… *194*

付録 A. SICE エンジン制御ベンチマーク問題

A.1 エンジンモデル …………………………………………… *196*
A.2 課題の特徴 ………………………………………………… *198*
A.3 挑戦者のアプローチ ……………………………………… *202*

付録 B. エンジンシミュレータ仕様書

B.1 エンジンモデル …………………………………………… *203*
    B.1.1 モデル解説 ………………………………………… *203*

B.1.2　バラツキモデル ………………………………………………… 204
B.1.3　構成ファイル …………………………………………………… 205
B.1.4　実　行　方　法 ………………………………………………… 206
B.2　設　計　仕　様 …………………………………………………………… 206
B.2.1　定常特性に関する仕様 ………………………………………… 206
B.2.2　過渡特性に関する仕様 ………………………………………… 206
引用・参考文献 ………………………………………………………………… 206

索　　　引 ……………………………………………………………………… 208

CD-ROM 使用上の注意

　本書には，エンジンモデルを収録した CD-ROM を付属しています。CD-ROM 内のデータは，MATLAB R2006a[†]以降のバージョンで動作することを確認しています。詳しくは，巻末の付録 B. エンジンシミュレータ仕様書をご参照下さい。なお，ご使用に際しては，以下の点をご留意下さい。

・CD-ROM に収録されている内容は著作権法により保護されており，この利用は個人の範囲に限られます。また，著作者およびコロナ社の許諾を得ずに，ネットワークへのアップロードや他人への譲渡，販売，コピー，データの改変などを行うことは一切禁じます。

・CD-ROM に収録された内容の使用により生じた損害等につきましては，著者ならびにコロナ社は一切の責任を負いません。

・CD-ROM に収録されたデータの使い方に対する問合せには，コロナ社は対応しません。

[†] MATLAB および Simulink は，アメリカ合衆国の The MathWorks, Inc. の登録商標です。

1 序論

1.1 エンジンのモデリングと制御

　自動車の動力生成装置としてのエンジンはすでに百年を超える歴史を持っているが，今日ほど自動制御技術に頼ったことはなかった。現在のエンジンでは，エンジンの性能に影響を与えるスロットル開度，燃料噴射量，点火時期，吸排気バルブタイミング等のほとんどの操作量がリアルタイム情報処理によって決定され，電子技術によって実現される。「車の付加価値の 90 % は電子制御による」，「車 1 台に ECU (electronic control unit)[†]が 100 個以上搭載される」，「車 1 台の車重の約 10 % がワイヤハーネスである」等のような話で強調されるように，自動車技術と電子技術は切っても切れない関係になっている。そして，電子技術を介してエンジンの性能，さらには自動車全体の性能に大きく貢献しているのが自動制御技術である。その背景には，電子技術とリアルタイム情報処理技術の急速な発展がある。そして，何よりも日増しに強くなる自動車に対する環境保全やエネルギー効率視点からの社会的要求がある。

　1960 年代後半から，米国をはじめ世界主要工業先進国が相次いで環境関連部門を設置し，自動車排気ガスへの制限を法規化し始めたのは周知の事実である。この動きこそ，自動車を制御工学という学問に目を向けさせたきっかけである。

[†] エンジン制御装置，電子制御ガソリン噴射などの制御システム用の電子装置。

1980年代初頭，HEGO センサ[†1]（heated exhaust gas oxygen sensor）の導入によって閉ループの空燃比制御が可能になり，日米欧では三元触媒[†2]搭載が常識となったのである[1]。また，この頃から可変吸排気バルブ機構，ガソリン直噴技術，多段や連続可変トランスミッション等の先進的なパワートレイン技術が導入され始めた。これらの導入は，自動制御技術に安定かつ効率のよいエンジン運転のための制御理論の適用への挑戦の機会を与えることになった。過去 30 年間，じつに多様な制御理論がエンジン制御に適用されたことが報告されている。例えば，筒内圧に基づいた燃焼モデルは 1930 年代にすでに提案され[2]，熱力学第一法則から導出されたモデルを用いて筒内圧から発熱量を計算する手法も提案されていたが[3]，筒内圧をフィードバック制御に用いて，リアルタイムで燃焼の安定化やサイクル間・気筒間の燃焼バラツキを抑制する手法に関する研究は最近になって報告された。文献 4) では，クランク角上死点（TDC）付近における一定クランク角の筒内圧力値を用いて燃焼バラツキを評価する手法を提案し，点火時期のオンライン調整によるバラツキ抑制効果を示した。また，このフィードバック制御問題に最小分散制御やモデル予測制御などの設計理論を適応した研究も報告されている[5]。このような先進制御理論の自動車エンジンへの適用例や制御工学の立場からのエンジン設計技術については，近年出版された専門書 6), 7) や解説文献 1), 8) を参照されたい。**図 1.1** はエンジンとその制御装置である ECU のつながりを示すイメージ図である。1 台の 6 気筒乗用車エンジンと ECU を繋ぐワイヤは 200 本を超える。また，**図 1.2** は実際あるメーカの車に搭載されている ECU の写真である。

　制御理論がエンジン設計技術分野で注目され始めたのは，自動車産業が推進する MBD（model-based development）の動向にも関連する。エンジン制御技術開発に特化して狭義的に解釈すれば，MBD とはエンジンの振舞いを表現する数学モデルに基づいて制御系を設計し，その制御アルゴリズムを実装した ECU をモデルに基づいて評価することであるといえよう。エンジン制御系設

[†1] 排気ガス中の酸素濃度などから空燃比を検出し，これを電気信号に変換するセンサ。

[†2] 理論空燃比近傍で排気ガス中の，CO, HC, NO_X を同時に浄化させる触媒。

1.1 エンジンのモデリングと制御　3

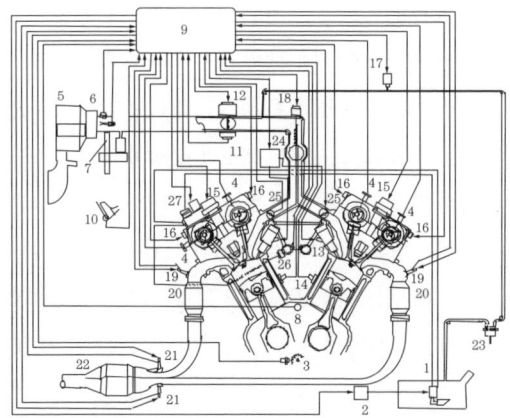

1. 燃料ポンプ
2. 燃料ポンプレジスタ
3. クランク角度センサ
4. カム角度センサ
5. 空気クリーナ
6. 吸気温度センサ
7. エアーフローメータ
8. 水温度センサ
9. ECU
    (electronic control unit)
10. アクセルペダル位置センサ
11. スロットル開度センサ
12. スロットル駆動装置
13. インジェクタ
14. ノックセンサ
15. 電子点火装置
16. オイル制御弁
    (可変吸排気バルブタイミング制御用)
17. VSV(負圧切り換え弁)
    (エバポパージ制御用)
18. ロータリソレノイドバルブ
    (可変吸気システム制御用)
19. 空燃比センサ(UEGO)
20. 三元触媒
21. 酸素センサ(HEGO)
22. 三元触媒
23. 炭鑵チャコール
24. EDU(electric driver unit)
25. SCV(swirl control valve)
26. 燃料圧力センサ
27. 高圧燃料ポンプ

図 1.1　エンジン制御システムの構造

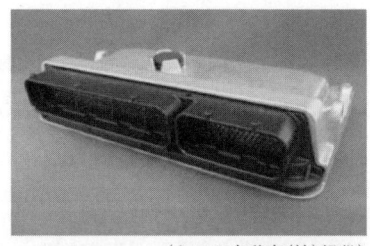

(トヨタ自動車(株)提供)

図 1.2　実車搭載用 ECU の写真

計のためのモデルは各目的に応じて簡略化し，導出される制御アルゴリズムの複雑化を避けるが，検証用のモデルはそうとは限らない．例えば，暖機された状態で，しかも一定のエンジン速度範囲内におけるエンジン速度制御のためのスロットル制御を設計するには，スロットル開度からエンジン速度までの動的な振舞いを無駄時間が伴う一時遅れ系としてモデル化できる場合が多い．実際，このモデルが速度制御に使われたのは1980年代早々である．しかし，各気筒ごとの燃料噴射量，点火時期，吸気排気バルブタイミング等に対するエンジンの振舞いを表現するには，これではまったく役に立たない．気筒内の状態を圧力，密度，温度を用いて表現すると，少なくとも1気筒につき3変数を含む微分方程式が必要になり，しかもイベント発生ごとに微分方程式を切り替える必要も生ずるので，空気・燃料系を集中定数系として表現するにしても，相当数の微分方程式が必要になる．このようなモデルを筒内モデル（in-cylinder model）とも呼び，エンジン動特性のシミュレーションによく使われている．詳細は2章を参照されたい．

1.2 エンジン制御のための制御理論課題

本書でいう制御理論とは，簡単にいうと，動特性を持つシステムの振舞いを数学的にモデル化し，そのモデルに基づいてシステムの振舞いを解析し，必要に応じてコントローラと呼ばれる補償装置を加えることでシステムが所望の振舞いを見せるようにする理論体系のことである．動的システムの制御理論の基本ともいわれるフィードバック原理は，エンジンの誕生とともにエンジン速度を安定させる機構に使われていたが，学問としての制御理論の歴史はエンジンほど古くはない．特に，微分方程式をおもなモデル化手法として展開する制御理論体系は，わずか半世紀しか経っていない．しなしながら，制御理論を覗いてみると，じつに多彩な制御系の解析と設計理論が提案されていることがわかる．例えば，制御系設計理論一つにしても，最適制御，適応制御，ロバスト制御，ファジィ，スライディングモード制御等々それぞれの特色を持つ独特の手

1.2 エンジン制御のための制御理論課題

法がある．しかし，現存のエンジン制御技術開発現場をみると，制御理論が提供している理論体系の豊富さとは対照的に限られた手法しか使われていない．つまり，先進的な制御理論と実際のエンジン制御技術の間にはギャップが存在する．

いうまでもなく，エンジンは気筒内で空気と燃料の混合気を燃焼させ，その燃焼圧力をピストンの推力に変えて自動車の動力にする装置である．したがって，ドライバの要求に応じてエンジンの出力を調整するには，各気筒に入っていく空気と燃料量を調整し，適切なタイミングで点火して確実かつ十分な燃焼を実現することが，まず第一である．そのうえ，排気ガスや燃費規制などの制約を満たすようにしなければならない．これらの要件を満たすためにリアルタイムで調整するスロットル開度，燃料噴射量，点火時期，吸排気弁開閉タイミング等の変化がエンジンの内部状態の変化を起こし，最終的に出力に変化をもたらすまでにはダイナミクスという言葉で表現される複雑な過渡現象が存在するので，制御系設計が難しくなる．さらに，燃焼や環境などに存在する不確かさや経年変化によるバラツキに対して，エンジンのリアルタイム状態を確認できるセンサが限られているので，制御設計は一層難しくなる．

以上の視点から考えると，制御理論を活用したエンジン制御技術を生み出すためには，制御理論自身にまだ多くの課題が残されている．例えば，エンジン運転におけるダイナミクスをモデル化するためには，制御理論分野で最も成熟している線形系のモデリング手法だけでは不十分である．エンジンの特性は非線形特性を呈し，多くのパラメータは変化するものである．また，ダイナミクスはイベント発生に従って切り替わることが多い．このようなシステムを一つの線形モデルを持って表現するには無理がある．制御理論の言葉を用いると，エンジンのダイナミクスは切替特性を持つ時変非線形系で表現される．しかも，エンジンの物理構造をできる限り忠実に再現してモデル化をしてみると，状態変数が非常に多くなる．例えば，6気筒のエンジンにしても内部状態変数は30を超える．このようなモデルを用いてエンジンの特性を一定の精度の範囲内で表現するのは可能であるが，これをモデルに基づく制御系設計に用いる

のは容易ではなく効率も悪い。エンジン設計技術の分野には1サイクル間の移動平均特性に着目した平均値モデル（mean value model）があるが，制御理論が提供している各種設計手法を効率よく適用可能にするモデルをいかにして構築するかが重要な課題と言えよう。

つぎに，制御系の設計手法である。前述のように，制御理論分野にはすでにそれぞれの目的に応じた設計理論が提供されている。例えば，与えられた目標指標を最小にする最適制御，不確かさに対応するためのロバスト制御，パラメータの変動に適応するための適応制御，切替特性を考慮したハイブリット制御，モデルの情報を活用したモデル予測制御，モデルの曖昧さに対応するためのファジィ・ニューラルネットワーク技術等がある。既に述べたエンジン制御が直面した問題点からいうと，どれ一つとってもそのキーワードからみると，それはまさに「錦上添花」[†1]ではなく「雪里送炭」[†2]の気がする。しかし，いざ使ってみようとするとなかなかうまくいかない。例えば，エンジンに最も重要な要求仕様として燃費とドライバビリティーが挙げられる。また，この両者間のある程度のトレードオフを考慮しなければならない。しかし，この要求仕様を最適制御理論の言語で表現し，その最適化問題を解く際にエンジンの現実味を持たせる拘束条件となるエンジンダイナミクスのモデルを確定するだけでも，最適制御理論の中からシステマティックな方法を見つけることは不可能である。モデルの構造，パラメータ選択，最適目標関数の構築に関するなんらかのガイドラインも見つからないのが現実である。このような状況になったおもな理由は，制御理論が「純粋の理論」を目指し過ぎた結果であるといえよう。確かに，あらゆる物理背景から抽出した一般論としての制御理論は数学で表現されることは間違いない。しかし，工学のための制御理論とすれば，具体的な対象に適用するために前述のようなガイドラインを提供することも制御理論自身の課題としてもよいだろう。今後，制御理論のアドバンストな結果だけではなく既存の設計理論とエンジン制御の実用技術の間のギャップを埋めるためにもこのよう

[†1] 元々良いものをさらに良くすること。
[†2] 必要な時に必要な物を届けること。

な視点からの制御理論研究が不可欠である．最後に，図 1.1 からも明らかなように，エンジンは多入力多出力システムである．しかし，多くの現実のエンジン制御系の設計では，入力・出力システムを組み合わせて構成する方法が使われている．例えば，空燃比を理論空燃比に精度よく保つために排気ガス中の酸素濃度を燃料噴射量にフィードバックする制御が行われ，アイドリング時のエンジン速度制御のためにエンジン速度をスロットル開度にフィードバックする．また，トルクの変動を抑えるために各気筒の推定トルクを点火時期にフィードバックする制御も考えられている．しかし，このような制御系設計では，別々に設計した制御ループの相互干渉も考慮しなければならないし，ECU のプログラムの複雑さを招く可能性がある．制御理論には多入力多出力制御系の設計理論があるし，非干渉制御などがある．このような既存の制御理論の視点から，エンジンの総合的な最適化を図るための複数のアクチュエータを同時に決定する多変数制御系設計手法も興味深い課題になるだろう．

1.3 本書の内容

本書の目的は，制御理論の視点からエンジンのモデリングとエンジン速度制御，特にダイナミクスの変化が顕著である始動時のエンジン速度制御問題への制御理論適用例を示すことであり，前節で述べた制御理論と実エンジン制御技術のギャップを埋めるための「抛磚引玉(ほうせんいんぎょく)」[†]的役割を果たすことである．各章で紹介する設計手法は以下の通りである．

2 章ではエンジンのモデリングについて述べる．おもにトルク生成ならびにエンジン速度までのダイナミクスに着目したモデルを紹介する．まず，そのモデル化に必要な基礎知識を紹介し，それに基づいてエンジンの各要素ごとのモデル化について述べ，各気筒内の状態変化が反映できる筒内モデルをまとめる．このモデルは MBD のためのエンジンシミュレーション作成の基礎である．3 章以降で各章の制御挙動のシミュレーションに用いるエンジンモデルはエンジ

[†] レンガを投げて玉を引き出すこと．

ン制御ベンチマーク問題用に計測自動制御学会の「エンジン・パワートレイン先端制御理論研究会」が公開したものであるが，その原理式の基本も本章で紹介した内容である．

　3章では，まず前章の知識をもとに，エンジン制御分野でよく使われている平均値モデルの導出について紹介する．平均値モデル導出の基本は2つある．2章で紹介した吸気マニホルド内の空気ダイナミクスの表現式において，各気筒の吸気流量を気筒ごとのバラツキを無視し，平均流量で置き換えることと，トルク生成過程における気筒ごとの個別現象や不連続的な特性を無視し，クランクシャフトに作用する平均トルクで表現し，吸気–トルク生成（intake-to-power）過程における無駄時間を導入することである．平均値化されたモデルからみると，空燃比が精度よく一定に制御している仮定のもとに，エンジンはあたかも連続で滑らかにトルクを生成する無駄時間を伴う2次の非線形系に見える．本章では，さらにこのモデルに基づいた非線形速度制御系の設計手法を紹介し，実機における実験検証結果を紹介する．ここで紹介する Lyapunov-Krasovsky 汎関数によるエンジン速度制御誤差システムの収束性証明は制御理論による制御系解析の典型的な例といえる．最後に，この制御則を取り込んだエンジン始動時のエンジン速度制御系の設計手法を示す．

　4章で紹介する始動時のエンジン速度制御手法は，多気筒エンジンにおける気筒ごとの現象を周期的に変化する離散時間システムとして捉え，役割変数と役割入力という概念を導入することによって，周期的に変化する離散系を時不変系に変換できることを示す．制御理論の分野では，このような変換のことをFloquet変換と呼ぶが，それを適用することによって気筒ごとの切替特性を気にすることなく，時不変離散系の設計理論を適用することが可能になる．本章では，このような考え方に沿ったエンジン始動時の速度制御系の設計手法について述べる．

　5章では，最適解探索アルゴリズムとモデル予測制御理論をベースにした設計例を紹介する．まず，制御理論の一般的な設計手法として，PSO（particle swarm optimization）法と呼ばれる非線形最適問題の探索手法と，局所的な

ARXモデルを随時更新しながら動作点ごとにフィッティングするJITモデル化手法（just-in-time modeling），それに基づく一般化モデル予測制御について述べる．さらに，これらの理論手法を組み合わせたエンジン始動速度制御手法を紹介する．具体的には，PSO法を適用して探索した最適スロットル開度と点火時期入力列を始動直後のフィードフォワード制御に用い，始動一定サイクル後はJITモデルに基づく一般化モデル予測制御によるフィードバック制御に切り替える仕組みである．

6章は，吸気バルブのリフト量をアクチュエータとするエンジン制御系設計手法について述べる．吸気バルブリフト量によるエンジン吸気量の調整は，スロットル開度による調整より即応性がよいことで知られている．ここでは，まず吸気バルブリフト量を活用したエンジン始動速度制御問題を取り扱い，エンジン速度調整誤差を目標とする離散型極値探索法によって吸気バルブリフト量をオンラインで調整する制御手法を紹介する．つぎに，平均値モデルに基づいて，スミス無駄時間補償器を埋め込んだセルフチューニング理論によるエンジントルク適応制御方法について述べる．

7章は，大規模データベース技術をモデリングに活用したエンジン制御手法について述べる．5章とこの章で紹介するJITモデリング法とは，簡単にいうと，制御則側から予測の要求が出されたたびに現在のシステムの動作点に対応する局所的なモデルを過去に蓄積した観測データベースに基づいて構成し，その局所モデルに基づいて予測や制御をおこなう方法である．実際，応用にあたってそのデータベースの規模が大きくなるにつれ，検索の効率化と計算量の負担低減が課題になる．本章で紹介するLOM（large scale database-based online modeling）手法は，実プロセスデータの位相空間の低次元化と，量子化による近傍検索の効率化と計算負荷を大幅に低減する手法である．本章では，その基本とエンジン吸気量の予測と始動速度制御への応用例を示す．

8章では，探索的モデル予測制御のエンジン始動制御問題への応用例を紹介する．燃料噴射制御則は，4章で紹介した吸気量の推定アルゴリズムに燃料付着モデルを加えて導出する．点火時期制御則としては，気筒内圧力のモデルも

考慮したエンジン速度予測モデルを構築し，その予測値と希望値の誤差が最小になるような最適点火時期を 2 分法を用いて探索する手法を紹介する．

最後に，3 章から 8 章までのシミュレーション結果は，すべて同じ MAT-LAB/Simulink ベースのエンジン始動制御シミュレータを用いたものである．このシミュレータは計測自動制御学会エンジン・パワートレイン先端制御理論研究会が SICE エンジン制御ベンチマーク問題の検証用シミュレータとして公開したものである．そのベンチマーク問題の詳細とシミュレータの仕様書は付録 A と B で与えることにする．また，シミュレータのプログラム本体は本書に添付される CD-ROM に収録されている．

引用・参考文献

1) J. A. Cook, J. Sun, J. H. Buckland, I. V. Kolamonovsky, H. Peng, and J. W. Grizzle：Automotive powertrain control–a survey, Asian Jounal of Control, Vol.8, No.3, pp.237〜261 (2006)
2) G. M. Rassweiler and L. Withrow：Motion picture of engine flames correlated with pressure cards, SAE Transactions, Vol.38, pp.185〜204 (1938)
3) J.A. Gatowski et al.：Heat releaseanalysis of engine pressure data, SAE Transactions, Vpl.93, SAE paper 841359 (1984)
4) S. Park, P. Yoon, and M. Sunwoo：Cylinder pressure-based spark advance control for SI engines, JSME International Journal, Series B, Vol.44, No.2, pp.305〜312 (2001)
5) P. Li, T. Shen, K. Kako, and K. Liu：Cyclic moving average control approach to cylinder pressure and its experimental validation, Journal of Control Theory and Applications, Vol.5, No.3, pp.123〜129 (2007)
6) L. Guzzella and C. H. Onder：Introduction to Modeling and Control of Internal Combustion Engine Systems, Springer, Berlin (2004)
7) A. A. Stotsky：Automotive Engines: Control, Estimation, Statistical Detection, Springer, New York (2009)
8) A. Balluchi, L. Benvenuti, M. D. di Benedetto, and A. L. Sangiovanni-Vicenrelli：Automotive engine control and hybrid systems: challenges and opportunities Proceedings of The IEEE, Vol.88, No.7, pp.888〜912 (2000)

2 エンジンの動特性とモデリング

本章では，エンジンの動特性とそのモデリングについて述べる。エンジンの動特性は機械，流体，燃焼化学およひ質量やエネルギー保存則などの自然法則によって定められるが，これらの現象を精確に表現するのは容易ではない。また，制御理論の立場からいうと，エンジンは離散事象と連続時間ダイナミクスが混在するハイブリット系である。本章では，まずエンジンの回転運動を理解するための基礎知識を紹介し，それに基づいたエンジンのモデリング手法について述べる。

2.1 エンジンの概要とモデルの変遷

2.1.1 エンジンの概要

簡単のために，1気筒のエンジンを例に説明する。図 2.1 に 1 気筒のみを持つエンジンの概略を示す。吸気，圧縮，燃焼と排気といった 4 行程を持つエンジンでは，気筒内で圧縮された空気と燃料の混合気に点火して燃焼させ，その

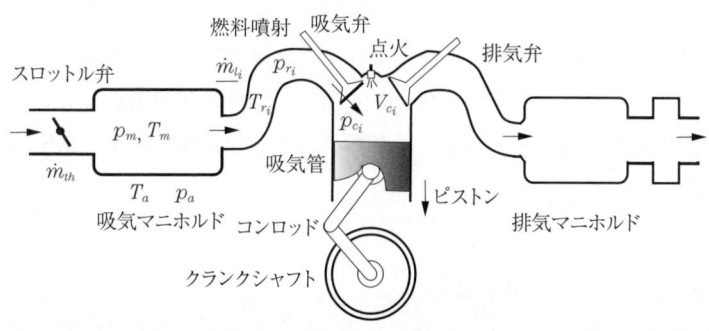

図 2.1　1気筒エンジンの概略図

熱エネルギーをピストンの推力としてクランクシャフトに伝える．その推力の大きさは，ヒートリリースと呼ばれる燃焼に伴う熱エネルギーの発生率によって決まるが，それは吸気行程において吸入された空気の量と，ポート噴射のエンジンでは，同じく吸気行程において吸入される燃料の量および圧縮行程における圧縮状態によって概略が決まる．そして，燃焼を終えたガスは，排気行程において排気バルブを通って気筒外に排出される．1行程において吸入される吸気量は，その吸気行程の間の吸気バルブリフトとバルブの開閉時間によって決まるが，吸気マニホルド内の圧力と温度，気筒内の圧力と温度履歴によっても定まる．したがって，吸気マニホルド内の圧力と温度の変化は，吸気量の変化をもたらし，発生する熱エネルギーに影響するが，その圧力と温度についてはスロットルを通る空気流量と気筒内に吸入される空気の流量に従って変化する．この過程では質量保存則とエネルギー保存則が成り立つ．

このようにクランクシャフトが2回転する間に，4行程の1サイクルが完成され，つぎのサイクルに入る．すなわち，1サイクル間においてピストンの推力がアクティブになるのは燃焼行程のみで，クランクの回転角でいうと，およそ4分の1サイクルの180 degの間だけである．多気筒エンジンでは，クランクシャフトに複数の気筒を連結させる．一般的には，クランクシャフトの回転角上に機械的に位相をずらして気筒を配置するので，各気筒が順次燃焼行程に入り，順次推力を生成する．

したがって，クランクシャフトの回転速度，すなわちエンジン速度を制御する目的からいうと，アクチュエータとして，空気と燃料の吸入量に影響する諸要素が用いられるが，おもにスロットル開度，吸排気弁開閉タイミング，燃料の噴射量と点火時期などである．これらのエンジン速度に対する影響は次節以降で詳細に触れることにする．

2.1.2 エンジンモデルの変遷

制御を目的とするエンジンモデルとは，エンジンの制御を所望する変数，例えば，エンジン速度，燃焼時の空燃比，トルク等と，前述の諸アクチュエータ

の値との動的な関係を数学的に表現することである．本書の主題でもあるエンジン速度制御のためのモデルといえば，ECU（electrical control unite）が登場した早期にはルックアップテーブルと呼ばれるマップが主流であった．しかし，このマップはアクチュエータの設定値と，それに対応するエンジンの定常出力との関係を数値的に示したもので，設定値の変化に対する動的な過渡特性は表現できない．その後，少しでも過渡期における挙動を表現するために，伝達関数すなわち定係数微分方程式の周波数領域における表現が使われるようになった．例えば，スロットル操作に対するアイドリング速度の応答をつぎのようなむだ時間付きの一次遅れ伝達関数によって表現するのが典型的なエンジンモデルである．

$$G(s) = \frac{ke^{-\tau s}}{Ts+1} \tag{2.1}$$

ここで，一次遅れ特性は，スロットル開度を操作してから，実際の気筒内の吸入空気量が変わるまでの遅れを表現するためであり，マニホルド内の空気流体の動特性に起因するもので，むだ時間 τ は吸気バルブを閉じてから燃焼する間は，マニホルド内の状態の変化の影響が生成するトルクないし回転運動へ伝わらないことを表したものである．

しかし，このような伝達関数は，所詮，線形時不変系を対象に開発されたモデリング手法である．内燃機関のエンジントルクは非線形特性を呈するので，このモデルは狭い範囲内の近似モデルとしてしか使えない．そこで，エンジンの空気・燃料の流体特性を集中定数系として扱い，空気・燃料パスと回転系の機械特性に注目したいわゆる平均値モデル（mean-value model）と呼ばれるものが主流になってきたのである[1]〜[4]．名称どおりこのモデルは気筒間のトルク生成や吸気・燃料噴射におけるバラツキや切替えによる不連続現象などを無視して，平均的な特徴のみに着目し，つぎのような2階の微分方程式によってスロットルとエンジン速度の関係を表現する．

$$\begin{cases} \dot{\omega} = c_1 p(t-t_d) - \tau_f(t) \\ \dot{p} = c_2 u(t) - \{c_3 p(t) - c_4\}\omega(t) \end{cases} \tag{2.2}$$

ここで，p [Ka] は吸気マニホルド内の圧力を表し，ω [rad/s] はクランクシャフトの角速度である。u はスロットルの開度とマニホルド圧力によって決まるマニホルド内に入る空気の流量，τ_f は慣性トルクや摩擦などを表すもので，$c_i (i = 1, 2, 3, 4)$ はエンジンの構造，充填効率や燃焼効率などのトルク生成への影響を表すパラメータである。

明らかに，このモデルにはサイクリック特徴や個々の気筒の違いなどのような個別現象は反映されない。また，そのパラメータもエンジンの運転状況によって変わるもので一定と見なすには無理がある。エンジンの物理的構造に沿って，各構成要素，特に各気筒ごとにそのダイナミクスを詳細にモデル化し，エンジンの内部状態をより正確に表すモデルが提案されている。もちろん，このようにして得られるモデル（筒内状態動的モデル（in-cylinder dynamical model）とも呼ぶ）は，構造もパラメータもかなり複雑で設計には向いてない。ただし，エンジンのメカニズムを理解し，物理的なセンスを生かした意味では，制御系の検証のために有効である。

図 **2.2** にエンジン制御開発に利用されたエンジンモデルの遷移を簡単に示す[5]。以下では，エンジンの各要素ごとの動特性とその相互影響を解析し，エンジンのトルク生成と回転運動のダイナミクスをモデル化する。まず，必要な物理法則を紹介し，さらにその法則に基づいてエンジンの数学モデルを導出する。

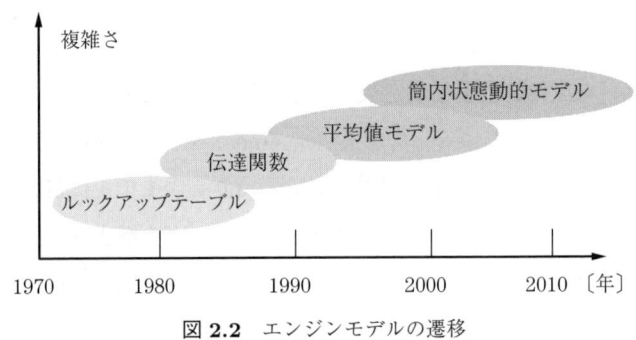

図 **2.2** エンジンモデルの遷移

2.2 基本法則

前節でエンジンの概要を紹介する時にもすでに述べたように，各気筒から生成するトルクを決めるのは，空気と燃料の吸入量である．もちろん，このトルクは，点火時期や前サイクルからの残留ガスや燃焼の効率などに影響されるが，おもに吸気と燃料の吸入量によって決まる．実際，外部の空気はスロットルを通ってマニホルドに入り，そこから各気筒の吸気ポートにつながる吸気管と吸気バルブを通って気筒内に吸入される．このルートを吸気パスと呼ぶことにする．また，燃料はインジェクタから一定の圧力で吸気管のポート付近に断続的に噴射され，空気とともに気筒内に吸入されるが，この過程を燃料パスという．各気筒それぞれの吸気行程で吸入される混合気体は，各自の圧縮行程を経て燃焼行程に入り，燃焼によって得られるピストンの圧力がコンロッドを通じてクランクシャフトの回転のためのトルクになる．この過程をトルク生成過程という．このように各気筒から発生されるトルクの駆動によってクランクシャフト系が回転運動をする．

したがって，アクチュエータであるスロットル開度，燃料噴射量，点火時期をエンジンの入力とみなし，エンジン速度を出力とすると，エンジンダイナミクスを構成する吸気と燃料パス，トルク生成，機械回転運動など各構成要素は図 **2.3** のような構造を持つことがわかる．また，各部分のダイナミクスはクランクシャフトの角度の変化とともに遷移するので，その回転速度に影響されることは容易に理解できる．

エンジンの詳細モデルは，このように各部分の特性を解析し組み立てることによって導出することが可能である．その際，必要な法則としては，まず，一定のボリュームを持つ空気の状態の変化に関するもの，例えば，理想気体方程式があり，吸気マニホルド内や圧縮行程などにおける気筒内の気体の状態変化を表現するときに用いることができる．つぎに，その気体の変化と伴うエネルギー交換・変化に関する質量保存則やエネルギー保存則も有用である．燃焼行

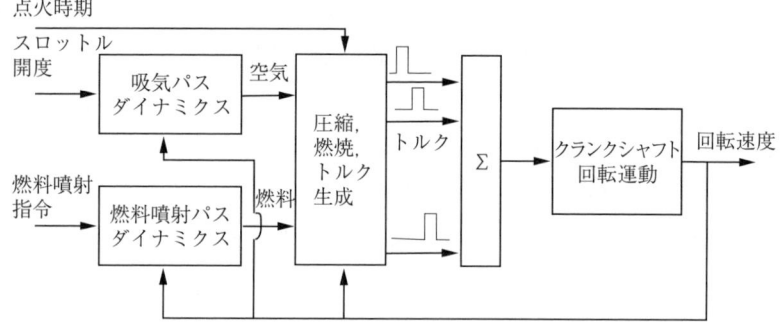

図 2.3 エンジンダイナミクスの構造

程における熱エネルギー変化のモデル化に用いられる。いろんなパイプや弁，ポートを流れる気体に関する物理法則も重要である。これらには，管内絞りを通過する流体の流量に関する法則が用いられる。最後に，クランクシャフトの機械運動に関してはニュートンの運動法則が使われる。以下では，参照のために，これら必要な物理法則をまとめておくことにする。

(i) 理想気体方程式

質量 m [kg] の理想気体について，以下の理想気体の状態方程式が満たされる。

$$pV = mRT \tag{2.3}$$

ただし，p [Pa] はその気体の圧力，V [m^3] は気体が占める体積，T [K] は絶対温度である。R [J/kg·K] は気体定数である。

(ii) 熱力学第一法則

熱力学第一法則とは，エネルギー保存則の熱力学における表現である。一定のボリュームを持つ気体が外部から熱エネルギー dq を吸収する間に，外部に対して気体がした仕事 dw と気体内部のエネルギー変化量 du はつぎの関係を保つ。

$$du = dq - dw \tag{2.4}$$

気体の状態変化に伴うエネルギー変化を表す物理の量として，定積比熱と定圧比熱がある。定積比熱 c_v は，気体が一定体積のもとで変化するとき，単位質

量の気体が吸収する熱量 dq と，その気体の温度の変化量 dT の比である。これに対して，一定の圧力のもとで変化する単位質量の気体が吸収する熱量 dq と，温度の変化 dT の比を定圧比熱 c_p という。この定圧比熱と定積比熱の比 $\kappa = c_p/c_v$ を比熱比という。これらの比熱を用いると，定積変化する気体の内部エネルギー変化をつぎのように表現できる。

まず，定積変化する場合，気体の外部に対する仕事はないので，$dw = 0$ である。よって，熱力学第一法則より

$$du = dq \tag{2.5}$$

を得る。さらに，定積比熱の定義から，単位質量の気体の吸収する熱量が $dq = c_v dT$ なので，気体が持つ内部エネルギーの変化はつぎのようになる。

$$du = c_v m dT \tag{2.6}$$

次節以降の参照のため，これらの比熱の関係をまとめておく。つぎの式によって定義されるエンタルピー（enthalpy）というものがある。

$$h = u + pV \tag{2.7}$$

ただし，u は気体が持つ内部熱エネルギーである。定圧の場合，気体の外部に対する仕事は体積の変化に比例する。すなわち，$dw = pdV$ なので，$dp = 0$ に注意すると，エンタルピーの式より $dh = du + pdV$ であり，熱力学第一法則より

$$dh = du + pdV = du + dw = dq = c_p dT \tag{2.8}$$

を得る。一般に，定積比熱と定圧比熱は気体の温度 T に依存するが，理想気体に関しては，c_v, c_p は温度に依存せず一定であるため，下記の式が導かれる。

$$c_p = \frac{\kappa}{\kappa - 1} R, \quad c_v = \frac{1}{\kappa - 1} R, \quad c_p - c_v = R \tag{2.9}$$

(iii) 管内絞りを通過する気体

図 **2.4** に示す管内絞りを通過する気体を考える。単位時間に通過する気体量はつぎの式によって与えられる[6]。

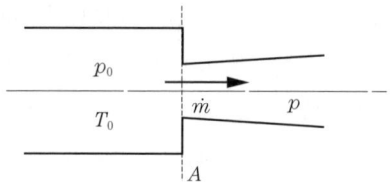

図 2.4 管内絞りを通過する気体

$$\dot{m} = \begin{cases} \dfrac{Ap_0}{\sqrt{RT_0}} \left(\dfrac{p}{p_0}\right)^{\frac{1}{\kappa}} \sqrt{\dfrac{2\kappa}{\kappa-1}\left[1-\left(\dfrac{p}{p_0}\right)^{\frac{\kappa-1}{\kappa}}\right]}, & \dfrac{p}{p_0} \geqq \left(\dfrac{2}{\kappa+1}\right)^{\frac{\kappa}{\kappa-1}} \\ \dfrac{Ap_0}{\sqrt{RT_0}} \sqrt{\kappa \left(\dfrac{2}{\kappa+1}\right)^{\frac{\kappa+1}{\kappa-1}}}, & \dfrac{p}{p_0} < \left(\dfrac{2}{\kappa+1}\right)^{\frac{\kappa}{\kappa-1}} \end{cases} \quad (2.10)$$

ただし，A は絞りの断面積，T_0, p_0 は絞りの上流のよどみ点の温度と圧力であり，p は絞りの下流の圧力である。

この管内絞りを通る気体のモデルは，エネルギー保存則からも導かれる。詳細は本章補足説明を参照されたい。

2.3 モデルの導出

本節は，図 2.3 に示したエンジンシステムの構造に沿って，各構成のダイナミクスをモデル化し，エンジン全体のモデルを導出する。ただし，簡単のために，定積比熱 c_v と定圧比熱 c_p は定数とし，扱う気体はすべて理想気体の状態方程式を満たすものとする。また，p_m, T_m, V_m, m はそれぞれ吸気マニホルド内の圧力，温度，容積と空気の質量を表し，T_a, p_a は大気の温度と圧力を表す。その他の変数や記号についてはその都度説明することにする。

2.3.1 吸気パス

4気筒エンジンにおける吸気パスは図 2.5 に示すとおりである。以下では気

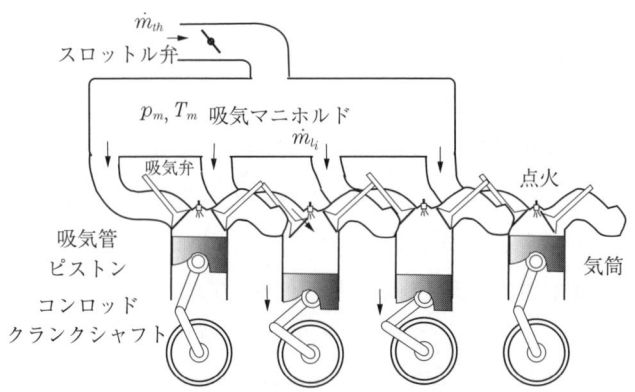

図 2.5 4気筒エンジンの吸気パス

筒数を n として述べるが，$n = 4$ でなくても結論は同じである．まず，この吸気パスのダイナミクスを求めるに当たって，吸気マニホルド，各吸気管および各気筒内の空気を集中定数系として扱い，スロットル弁と各吸気管のエンジン側の開口部（吸気ポートともいう）および吸気弁を流れる空気の流量を前節で述べた管内絞りを通る流体として扱う．また，気体の流れは連続で圧縮性一次元の断熱流れと仮定し，各ボリュームの気体に対しては，理想気体の状態方程式およびエネルギーと質量保存則を適用して動的方程式を導く．

（1）マニホルドの状態方程式　　図 2.5 に示すような，1 番から n 番気筒までの吸気管が一つの吸気マニホルドを共有する状況を考える．質量保存則より，吸気マニホルド内の空気質量の変化量は，スロットルを通ってマニホルド内に入る吸気の流量 $\dot{m}_{th}$ と，各吸気管のポートを流れる空気の流量 $\dot{m}_o$ の差がマニホルド内の空気の変化量になるので，次式が得られる．

$$\dot{m}(t) = \dot{m}_{th}(t) - \dot{m}_o \tag{2.11}$$

ただし，i 番吸気管を流れる空気の流量を $\dot{m}_{li}$ とすると，$\dot{m}_o = \sum_{i=1}^{n} \dot{m}_{li}(t)$ である．

つぎに，吸気マニホルド内の空気の状態変化にエネルギー保存則を適用することによって，マニホルドの圧力と温度の変化を調べる．まず，マニホルド内

の気体が外部から吸収する熱量 dQ_m，内部エネルギーの変化量 du_m および外部に対する仕事の量 dw_m を調べてみよう．

まず，マニホルドの体積は変化しないので，マニホルド内に滞留する空気は外部に対して機械仕事をしない．すなわち，$dw_m = 0$ である．

つぎに，環境変化とともに時間 dt 内にマニホルド内の空気が外部から吸収した熱量を $\dot{Q}_m dt$ とし，スロットルを通ってマニホルド内に入る空気 $\dot{m}_{th} dt$ とともにマニホルド内に注入される熱量と，各吸気管のポートからマニホルドを離れる空気量 $\dot{m}_o dt$ とともに外部に排出される熱量がそれぞれ $c_p T_a \dot{m}_{th} dt$ と $c_p T_m \dot{m}_o dt$ になるので，外部から吸収する熱の総量は以下のように求められる．

$$dq_m = \dot{Q}_m dt + c_p T_a \dot{m}_{th} dt - c_p T_m \dot{m}_o dt \tag{2.12}$$

最後に，マニホルド内に滞留する空気における内部エネルギー変化量 $du_m = d(c_v m T_m)$ に注意すると，熱力学第一法則 (2.4) によって次式が得られる．

$$\frac{d(c_v m T_m)}{dt} = \dot{Q}_m + c_p T_a \dot{m}_{th} - c_p T_m \dot{m}_o \tag{2.13}$$

(2.13) の右辺に，理想気体の状態方程式から $mT_m = p_m V_m / R$ と比熱に関する関係式 $c_v = R/(\kappa - 1)$，$c_p = \kappa c_v$ を適用し

$$\frac{d}{dt}\left(\frac{p_m V_m}{\kappa - 1}\right) = \dot{Q}_m + \frac{\kappa R}{\kappa - 1}(T_a \dot{m}_{th} - T_m \dot{m}_o)$$

を得る．κ を一定と仮定し，上式を整理すると，次式を得る．

$$\dot{p}_m = \frac{\kappa - 1}{V_m}\dot{Q}_m + \frac{\kappa R}{V_m}\left(T_a \dot{m}_{th} - T_m \sum_{i=1}^{n} \dot{m}_{li}\right) \tag{2.14}$$

一方，質量保存則 (2.11) に理想気体の状態方程式を適用し

$$\frac{d}{dt}\left(\frac{p_m V_m}{R T_m}\right) = \dot{m}_{th} - \dot{m}_o \tag{2.15}$$

を得る．(2.15) を整理すると

$$\frac{dT_m}{dt} = \frac{T_m}{p_m}\frac{dp_m}{dt} - \frac{R}{V_m}\frac{T_m^2}{p_m}\left(\dot{m}_{th} - \sum_{i=0}^{n} \dot{m}_{li}\right)$$

(2.14) を左辺第 1 項に代入して整理すると次式を得る.

$$\frac{dT_m}{dt} = \frac{\kappa-1}{mR}\dot{Q}_m + \frac{1}{m}(\kappa T_a - T_m)\dot{m}_{th} - (\kappa-1)\frac{T_m}{m}\sum_{i=0}^{n}\dot{m}_{li} \quad (2.16)$$

したがって,マニホールド内の気体の状態方程式は式 (2.11),(2.14) と (2.16) によって与えられる.ただし,スロットルを通る気体の流量 $\dot{m}_{th}$ と各吸気管ポートを通る気体の流量 $\dot{m}_{li}$ は,管内絞りを通過する流体の式から以下のように与えられる.

$$\dot{m}_{th} = A_{th}(\phi)\psi(p_m, p_a, T_a) \quad (2.17)$$

$$\dot{m}_{li} = \begin{cases} A_i\psi(p_{r_i}, p_m, T_m), & p_m \geq p_{r_i} \\ A_i\psi(p_m, p_{r_i}, T_{r_i}), & p_m < p_{r_i} \end{cases} \quad (2.18)$$

ここで,A_i は i 番吸気管ポートの断面積で,スロットルの断面を半径 r の円形とすると,以下のようになる.

$$A_{th}(\phi) = \pi r^2(1 - \cos\phi) \quad (2.19)$$

ただし,ϕ はスロットル弁の角度で,$\psi(p, p_0, T_0)$ $(p \geq p_0)$ はつぎのように与える非線形関数である.

$$\psi = \begin{cases} \dfrac{p_0}{\sqrt{RT_0}}\left(\dfrac{p}{p_0}\right)^{\frac{1}{\kappa}}\sqrt{\dfrac{2\kappa}{\kappa-1}\left[1-\left(\dfrac{p}{p_0}\right)^{\frac{\kappa-1}{\kappa}}\right]}, & \dfrac{p}{p_0} \geq \left(\dfrac{2}{\kappa+1}\right)^{\frac{\kappa}{\kappa-1}} \\[2ex] \dfrac{p_0}{\sqrt{RT_0}}\sqrt{\kappa\left(\dfrac{2}{\kappa+1}\right)^{\frac{\kappa+1}{\kappa-1}}}, & \dfrac{p}{p_0} < \left(\dfrac{2}{\kappa+1}\right)^{\frac{\kappa}{\kappa-1}} \end{cases}$$
$$(2.20)$$

(**2**) **吸 気 管** 吸気管の容積が一定であることに注意し,各吸気管の入口からそれぞれの気筒の吸気弁までの気体を一つのボリュームとみなして,前述のマニホールド内の気体を扱うのと同様に議論を進めていけば,各吸気管内の気体の状態方程式が得られる.ただし,この場合 i 番吸気管のポートを通って入ってくる気体の流量は $\dot{m}_{li}$ であり,その吸気管からそれぞれの気筒の吸気

弁を通る気体の流量を $\dot{m}_{ci}$ で表すと，式 (2.11), (2.14) と式 (2.16) の導出と同様に，つぎの状態方程式が得られるので，ここでは詳細過程を省略する。

$$
\begin{cases}
\dot{p}_{r_i} = \dfrac{\kappa-1}{V_{r_i}}\dot{Q}_{r_i} + \dfrac{\kappa R}{V_{r_i}}(T_m \dot{m}_{l_i} - T_{r_i}\dot{m}_{c_i}) \\
\dot{T}_{r_i} = \dfrac{\kappa-1}{m_{r_i}R}\dot{Q}_{r_i} + \dfrac{\kappa T_m - T_{r_i}}{m_{r_i}}\dot{m}_{l_i} - (\kappa-1)\dfrac{T_{r_i}}{m_{r_i}}\dot{m}_{c_i} \\
\dot{m}_{r_i} = \dot{m}_{l_i} - \dot{m}_{c_i}
\end{cases}
\quad (2.21)
$$

ただし，p_{r_i}, T_{r_i}, V_{r_i} はそれぞれ i 番吸気管内の空気の圧力，温度，容積であり，$\dot{Q}_{r_i}$ は環境変化とともに吸気管内の気体が吸収する熱量である。さらに，吸気弁前後の圧力関係を考えると，それを通る気体の流量 $\dot{m}_{c_i}$ はつぎのようになる。

$$
\dot{m}_{c_i} = \begin{cases}
A_{v_i}(L_{v_i})\psi(p_{c_i}, p_{r_i}, T_{r_i}), & p_{r_i} \geq p_{c_i} \\
A_{v_i}(L_{v_i})\psi(p_{r_i}, p_{c_i}, T_{c_i}), & p_{r_i} < p_{c_i}
\end{cases}
\quad (2.22)
$$

A_{v_i} は i 番目気筒の吸気弁の有効面積であり，バルブのリフト量 L_{v_i} によって定まる。

一般的に，吸気管の容積はマニホルドよりかなり小さい。よって，ランナ内の気体のダイナミクスを無視し，各吸気管のポートを通過する気体の流量が気筒の吸気バルブを通過する気体の流量と等しいとみなす場合が多い。この場合は，$\dot{m}_{li} = \dot{m}_{ci}$ $(i=1,2,\cdots,n)$ とおけばよい。

2.3.2 燃料パス

ポート噴射のエンジンにおいて，燃料は各気筒の吸気管内の吸気弁に近い位置に配置されたインジェクタから，適切なタイミングで断続的に噴射される。ただし，そのサイクルにおいて噴射された燃料がすべてそのまま気筒内に吸入されるとは限らない。噴射された燃料の一部は吸気弁やポートの壁に付着し，また付着してあった燃料が再び吸気空気の流れとともに気筒内に入るものもある。この物理現象を忠実にモデル化するのは非常に煩雑である。

一般的によく用いられるのが，wall-wetting dynamics と呼ばれるモデルで，

燃料噴射指令値から実際１吸気行程において気筒内に吸入される燃料質量までの挙動をサイクルベースに離散化し、一次遅れ系としてつぎのように表現する[7]。

$$\begin{cases} m_{w_i}(k+1) = a_{f_i} m_{w_i}(k) + b_{f_i} u_{f_i}(k) \\ m_{f_i}(k) = c_{f_i} m_{w_i}(k) + (1 - b_{f_i}) u_{f_i}(k) \end{cases} \quad (2.23)$$

ただし、$u_{f_i}(k)$ は k サイクルにおける i 番目気筒への燃料噴射指令値で、m_{f_i} は i 番目気筒の k サイクルにおける吸入量を表す。m_{w_i} はダイナミクスを表現するための内部状態であり、物理現象そのものではないが、図 **2.6** に示すように仮想的な解釈としてポート内壁に付着される燃料の総量を表す。また、各パラメータ a_{f_i}, b_{f_i}, c_{f_i} はエンジンの形状、エンジン速度や負荷などによって定まる定数である。

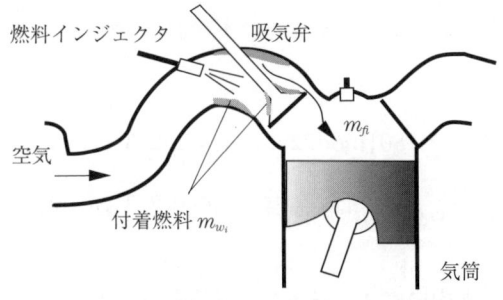

図 **2.6** 燃料噴射モデル

2.3.3 トルク生成

前述の燃料パスと吸気パスを通って気筒内に入る空気と燃料の混合気は、圧縮行程を経て圧縮されるが、その間、マニホールド内や吸気管内の状態変化はこの吸気量と燃料吸入量には影響しない。圧縮された混合気は点火とともに燃焼行程に入り、燃焼によって発生される熱エネルギーをピストンの推力、すなわちトルクに変えてクランクシャフトに伝えるが、信号伝達の視点からいうと、マニホールドや吸気管内の圧力信号から生成トルクまでむだ時間が生ずる。そのむだ時間の長さはクランク角でいうと π [rad] で、$t_d = 30/N$ [s] である。ただ

し，N 〔rpm〕はエンジン速度である．

以下では，各気筒内の気体について，エネルギー保存則に基づいて状態方程式を導出する．基本的な考え方は，前述のマニホルドや吸気管内の気体を扱うときと同様であるが，その際，外部とのエネルギー交換が吸気弁・排気弁の開閉状態に応じて異なることに注意されたい．ただし，全サイクルを通して，気体と燃焼室壁面間の伝熱は無視する．

以下では，i 番気筒のクランク角度で吸気弁の閉じるクランク角度を θ_{c_i}，燃焼開始角度を θ_{s_i}，燃焼完了角度を θ_{b_i}，排気弁の開く角度を θ_{e_i} とそれぞれ記する．さらに，これらの各離散事象の発生時刻は $0 \text{ deg} < \theta_{c_i} < \theta_{s_i} < \theta_{b_i} < \theta_{e_i} < 720 \text{ deg}$ を満たす．ただし，i 番気筒の位相角 θ_i をその気筒の吸気行程に入る直前の上死点 (top dead center，略して TDC) を $\theta_i = 0 \text{ deg}$ とし，吸気弁が開く角度とする．クランクシャフトの回転角度 θ との関係はつぎのとおりである．

$$\theta_i = \{\theta - (i-1)180\} \bmod 720, \quad i = 1, 2, 3, n \tag{2.24}$$

さらに，p_{c_i}，T_{c_i}，V_{c_i}，m_{c_i} は i 番気筒内気体の圧力，温度，容積および質量を表す．

まず，マニホルド内の気体と違って，気筒内の気体はピストンの往復運動とともに外部に対して仕事をするので，ピストンを押し出すときの機械仕事を正とすると，気体が外部に対する機械仕事の変化量は $dw = p_{c_i} dV_{c_i}$ となる．よって，時間に対する微分はつぎのようになる．

$$\dot{w} = p_{c_i} \dot{V}_{c_i} \tag{2.25}$$

ただし，気筒の容積 V_{c_i} の変化量はクランクシャフトの角度の変化量によって決まるが，これについては後に述べることにする．

つぎに，気筒内の気体の内部エネルギー変化について考える．前述と同様に，気筒内の気体の質量と温度によって

$$du = d(c_v m_{c_i} T_{c_i}) = d\left(\frac{c_v}{R} p_{c_i} V_{c_i}\right) \tag{2.26}$$

のように算出されるので，c_v，R を一定と仮定し，時間微分を取ると，つぎのようになる．

$$\dot{u} = \frac{c_v}{R}(\dot{p}_{c_i}V_{c_i} + p_{c_i}\dot{V}_{c_i}) \tag{2.27}$$

これに対して，外部から吸収するエネルギー量は，前述の各離散事象発生によって異なってくる．まず，吸気弁が開いている区間 $\theta_i \in [0, \theta_{c_i})$ において，気筒内に入る気体とともに吸気管から気筒にわたる熱量の変化量は

$$\dot{q}_{c_i} = c_p T_{r_i} \dot{m}_{c_i} \tag{2.28}$$

である．ただし，ここで吸気管の温度 T_{r_i} は相対的に変化しないとしている．

また，圧縮が始まって着火燃焼開始までの区間 $\theta_i \in [\theta_{c_i}, \theta_{s_i})$ と，燃焼完了時刻から排気弁の開く時刻までの区間 $\theta_i \in [\theta_{b_i}, \theta_{e_i})$ においては，断熱状態を仮定しているので，外部との熱量の交換はない．すなわち

$$\dot{q}_{c_i} = 0, \quad \forall \theta_i(t) \in [\theta_{c_i}, \theta_{s_i}), \quad \text{または } \theta_i \in [\theta_{b_i}, \theta_{e_i}) \tag{2.29}$$

となる．吸気行程と同様に，排気行程 $\theta_i \in [\theta_{e_i}, 720)$ においては，排気とともに気筒内から排気管に排出される熱量は

$$\dot{q}_{c_i} = -c_p T_{c_i} \dot{m}_{e_i} \tag{2.30}$$

となる．ここで，$\dot{m}_{e_i}$ は i 番目気筒の排気弁を通る気体の流量であり，気筒内圧力と排気マニホールド内の圧力を用いて，式 (2.18) と同様にモデル化できるので，ここでは詳細を省く．

以上のように，燃焼期間を除けば，気筒内の気体は吸気とともに外部から熱エネルギーを吸収し，また排気とともに外部に熱エネルギーを排出する．それ以外は，外部との熱量のやり取りはない．これらの現象をモデル化するのは困難ではない．問題は，燃焼開始時刻から燃焼完了時刻までの区間 $\theta_i \in [\theta_{s_i}, \theta_{b_i})$ において，気筒内の気体が燃焼によるエネルギーを吸収するが，その現象を解析的にモデル化するのは容易ではない．一般的な手法としては，燃焼過程における熱量の変化率，すなわち，ヒートリリース率を実験的にモデル化する手法

が使われる。もちろん，このヒートリリース率は気筒内の混合気体の空燃比や圧縮状態，燃焼効率などによって決まるが，Weibe関数を用いて近似するのが一般的である[8]。ここでは，簡単のため，パラメータの数が少ない実験データの曲線近似によって得られた近似式[9]を紹介する。

$$dq_{c_i} = C_i(\theta_i, \theta_{s_i}, \theta_{b_i}, Q_{c_i}, a_i)d\theta \tag{2.31}$$

ここに，$C_i(\cdot)$ は $\theta_i \in [\theta_{s_i}, \theta_{b_i}]$ に対して，つぎのように与えられる関数である。

$$C_i(\cdot) = \frac{a_i(a_i+1)}{\theta_{s_i}^{a_i+1}} Q_{c_i}(\lambda_i)(\theta_i - \theta_{s_i})^{a_i-1}(\theta_{b_i} - \theta_i) \tag{2.32}$$

また，ここで Q_{c_i} は空燃比 λ_i に関連した熱量を表す要素としてつぎのように与えられる。

$$Q_{c_i} = 41\,868(-5.137\lambda_i^2 + 145.31\lambda_i - 421.69)(m_{ai} + m_{fi})$$

ただし1吸気行程における吸気量 m_{a_i} は

$$m_{a_i} = \int_{t_{\theta_i=0}}^{t_{\theta_i=\theta_{c_i}}} \dot{m}_{c_i} dt$$

のように算出される。m_{fi} は燃料量を表す。

図 **2.7** に $m_{ai} + m_{fi}$ が一定時の Q_{c_i} と曲線 $C_i(\cdot)$ の形状を示す。図に示すとおり，係数 $a_i > 0$ は燃焼の速さを表すパラメータの役割を果たすことがわかる。

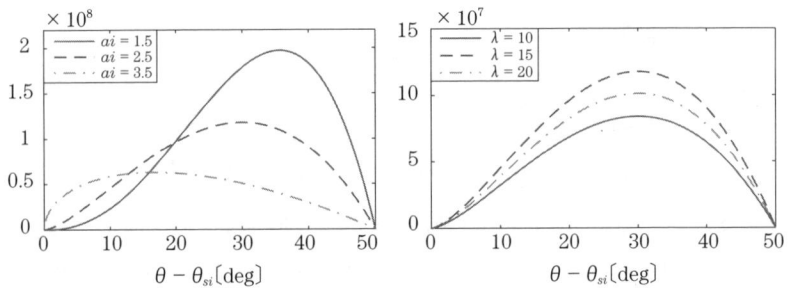

図 **2.7** ヒートリリース率

2.3 モデルの導出

以上の議論をもとに，エネルギー保存則 (2.4) に基づいて，各離散事象発生順序に沿ってまとめると，気筒内圧力の動特性はつぎのようになる．

$$\dot{p}_{c_i} = -\frac{\kappa}{V_{c_i}} p_{c_i} \dot{V}_{c_i} + \frac{\kappa}{V_{c_i}} \delta_{p_i}(T_{r_i}, T_{c_i}, \dot{m}_{c_i}, \dot{m}_{e_i}) \tag{2.33}$$

ただし，$\delta_{p_i}(T_{r_i}, T_{c_i}, \dot{m}_{c_i}, \dot{m}_{e_i})$ はつぎのように与えられる θ_i に沿って切り換える関数である．

$$\delta_{p_i} = \begin{cases} RT_{r_i}\dot{m}_{c_i}, & 0 \text{ deg} \leq \theta_i < \theta_{c_i} \\ 0, & \theta_{c_i} \leq \theta_i < \theta_{s_i} \\ \dfrac{\kappa-1}{\kappa}C(\theta_i)\dot{\theta}_i, & \theta_{s_i} \leq \theta_i < \theta_{b_i} \\ 0, & \theta_{b_i} \leq \theta_i < \theta_{e_i} \\ -RT_{c_i}\dot{m}_{e_i}, & \theta_{e_i} \leq \theta_i < 720 \text{ deg} \end{cases}$$

図 2.8 に実際のあるエンジンの気筒内の圧力変化を示す．

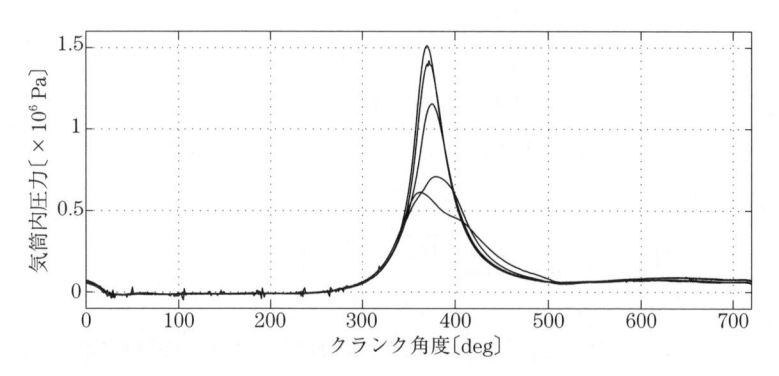

図 2.8 点火時期変化による気筒内圧力の変化

さらに，気筒内の内部エネルギーの変化が温度と質量によって

$$du_i = c_v d(m_{c_i} T_{c_i})$$

のように表されることに注意し，上述の各区間における質量変化も考慮に入れて熱力学第一法則を適用すれば，i 番気筒内の温度状態に関する方程式をつぎのように得ることができる．

$$\dot{T}_{c_i} = -\frac{p_{c_i}}{c_v m_{c_i}}\dot{V}_{c_i} + \frac{1}{c_v m_{c_i}}\delta_{T_i}(T_{r_i}, T_{c_i}, \dot{m}_{c_i}, \dot{m}_{e_i}) \qquad (2.34)$$

ただし，圧力方程式と同様に，切り換え関数 $\delta_{T_i}(T_{r_i}, T_{c_i}, \dot{m}_{c_i}, \dot{m}_{e_i})$ はつぎのように与えられる。

$$\delta_{T_i}(\cdot) = \begin{cases} c_p T_{r_i}\dot{m}_{c_i} - c_v T_{c_i}\dot{m}_{c_i}, & 0\ \mathrm{deg} \leqq \theta_i < \theta_{c_i} \\ 0, & \theta_{c_i} \leqq \theta_i < \theta_{s_i} \\ C(\theta_i, \theta_{s_i}, \theta_{b_i}, Q_{c_i}, a)\dot{\theta}_i, & \theta_{s_i} \leqq \theta_i < \theta_{b_i} \\ 0, & \theta_{b_i} \leqq \theta_i < \theta_{e_i} \\ -RT_{c_i}\dot{m}_{e_i}, & \theta_{e_i} \leqq \theta_i < 720\ \mathrm{deg} \end{cases}$$

ここに気筒内の気体質量 $m_{c_i}(t)$ の変化は，吸気過程においては式 (2.22) によって与えられるが，その他の行程においてはつぎのように与えられる。

$$\dot{m}_{c_i} = \begin{cases} 0, & \theta_{c_i} \leqq \theta_i < \theta_{e_i} \\ -\dot{m}_{e_i}, & \theta_{e_i} \leqq \theta_i < 720\ \mathrm{deg} \end{cases} \qquad (2.35)$$

i 番気筒内の気体の体積 V_{c_i} はエンジン回転に伴って変化するが，クランク上死点（TDC）における体積の最小値を V_{l_i} とし，ピストン運動のストロークはクランク半径 r の 2 倍であることに注意すると，ピストン運動に伴う気筒体積の変化分は

$$0.5V_{d_i}\left(1 - \cos\theta_i + \frac{l - \sqrt{l^2 - \sin^2\theta_i}}{r_c}\right)$$

のように求まる。ただし，$V_{d_i} = \pi r B^2/2$，B はピストンの直径である。よって，i 番気筒の体積はつぎのようになる。

$$V_{c_i}(\theta_i) = \frac{V_{d_i}}{2}\left[1 - \cos\{\theta_i - 180(i-1)\}\right] \\ + \frac{l - \sqrt{l^2 - r_c^2\sin^2(\theta_i - 180(i-1))}}{r_c} + V_{l_i} \qquad (2.36)$$

最後に，気筒の有効断面積を A_{c_i} とすると，i 番気筒内の圧力のピストンに働く力はつぎのように求められる。

$$F_{c_i} = (p_{c_i} - p_a)A_{c_i} \qquad (2.37)$$

2.3.4 クランクシャフトの回転運動

前述のように生成される各気筒内部の圧力がピストンを押す力になり，その力がコンロッドを通してクランク回転のトルクとなる．以下では，ピストン，コンロッドおよびクランクシャフトを集中質量系として考え，エンジン回転の機械運動方程式を求める．各パラメータは図 **2.9** に示すとおりである．

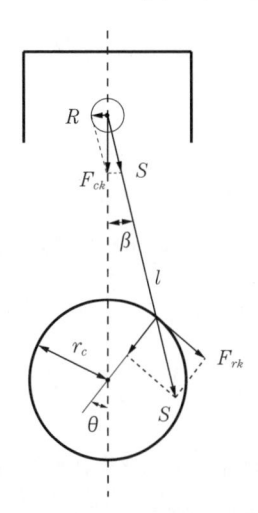

図 **2.9** クランクシャフトの回転運動

ピストンの変位とクランクの角との関係はつぎのようになる．

$$\begin{aligned}x(t) &= r_c + l - (r_c \cos\theta + l \cos\beta) \\ &= r_c(1-\cos\theta) + l\left(1 - \sqrt{1 - \frac{r_c^2 \sin^2\theta}{l^2}}\right)\end{aligned} \quad (2.38)$$

この式はつぎのように近似できる．

$$x(t) = r_c \left\{ (1-\cos\theta) + \frac{r_c(1-\cos 2\theta)}{4l} \right\} \quad (2.39)$$

両辺の時間に対する微分を求めると

$$v(t) = \frac{dx}{d\theta}\dot\theta = r_c \dot\theta \left(\sin\theta + \frac{r_c \sin 2\theta}{2l} \right) \quad (2.40)$$

となるので,慣性力は

$$F_m = M\frac{dv}{dt} = M\frac{dv}{d\theta}\dot{\theta} = Mr_c\dot{\theta}^2\left(\cos\theta + \frac{r\cos 2\theta}{l}\right) \tag{2.41}$$

となり,重力 F_g を考慮すると,その合力のクランク回転切線方向に働く力はつぎのようになる。

$$F_{ri} = (F_{c_i} + F_m + F_g)\cos\beta\sin(\theta + \beta) \tag{2.42}$$

すなわち,クランクに働くトルクは

$$\tau_{e_i} = r_c F_{ri} \tag{2.43}$$

となる。ここで,関係式 $l\sin\beta = r_c\sin\theta$ を用いると

$$\tau_{e_i} = (F_{c_i} + F_m + F_g) \times$$
$$r_c\left\{\sin\theta\left(1 - \frac{r_c^2\sin^2\theta}{l^2}\right) + \frac{r_c}{l}\cos\theta\sin\theta\sqrt{1 - \frac{r_c^2\sin^2\theta}{l^2}}\right\} \tag{2.44}$$

を得るので,負荷トルクと摩擦トルクをそれぞれ τ_l と τ_f とすると,クランクの回転運動方程式はつぎのように求まる。

$$J\ddot{\theta} = \sum_{i=1}^{n}\tau_{e_i} - \tau_l - \tau_f \tag{2.45}$$

2.4 モデルのまとめとシミュレーション例

　前節で示したとおり,エンジン構成の各要素の状態変数は以下のようである。まず,吸気マニホルド,各吸気管,各気筒の状態変数はそれぞれの気体の圧力,温度と質量である。つぎに燃料パスに関しては平均値モデルであるが,吸気管や弁に付着している燃料の量であり,クランクの回転については,回転速度そのものである。これらの各要素の状態変数間はたがいに干渉するが,物理的にその干渉は各弁やポートを流れる気体の流量である。これは前節でも示したように管内絞りを通過する流体としてモデル化されるので,これがゆえにエンジ

ンモデルに強い非線形性が見られる．図 **2.10** にエンジンモデルの全体の構造をまとめておく．システム内部の信号の流れを通じてエンジンのダイナミクスを理解するために，各構成要素のブロックにはそれぞれの状態変数を明記し，その相互関連をなるべく表現できるようにしてある．詳細の演算ブロックや静的関数関係は省略してある．

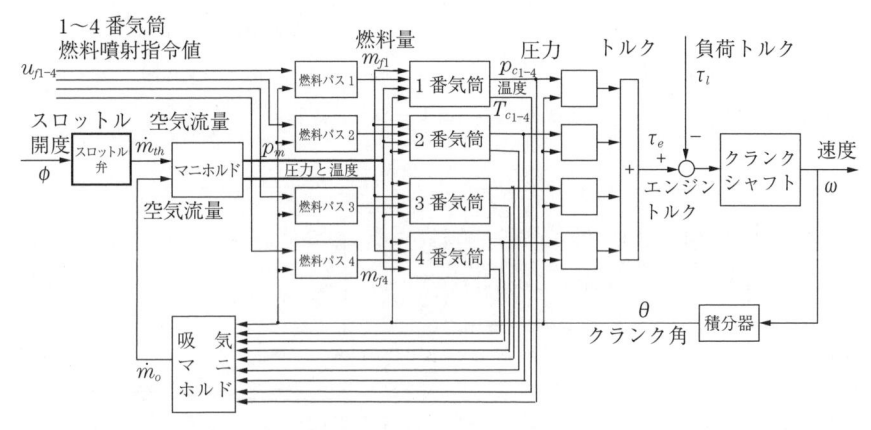

図 **2.10** エンジンモデルの構造

このように導出したモデルの数値シミュレーション結果の一例を図 **2.11** に示す．シミュレーションで用いたエンジンのパラメータは，特定の既成エンジンではなく，仮想の4気筒エンジンである．用いたパラメータは表 **2.1** に示す．このシミュレーションでは，吸気スロットルを一定の角度から2秒間上げてその後下げた操作をしている．マニホルド内圧力の応答は図 2.11(a) に示すとおりである．図 2.11(b) は1番気筒内の圧力–容積の時間履歴を示す p–V 線図である．スロットルの開度の二つの定常値に対応して，p–V 線図も二つの状態に落ち着く様子が見られる．ただし，このシミュレーション結果から詳細な数値よりも気筒内の圧力変化の様子を理解するのに役立つことができれば幸いである．

図 **2.12** はある実際のガソリンエンジンの実験から記録した結果である．本章で紹介したエンジンモデルが実際のエンジン応答の特徴を捉えているのがわ

32   2. エンジンの動特性とモデリング

(a) マニホルド内圧力の応答

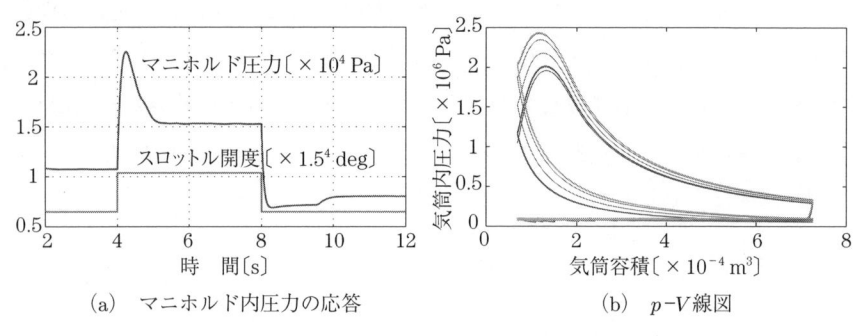

(b) p-V線図

図 **2.11** シミュレーション結果

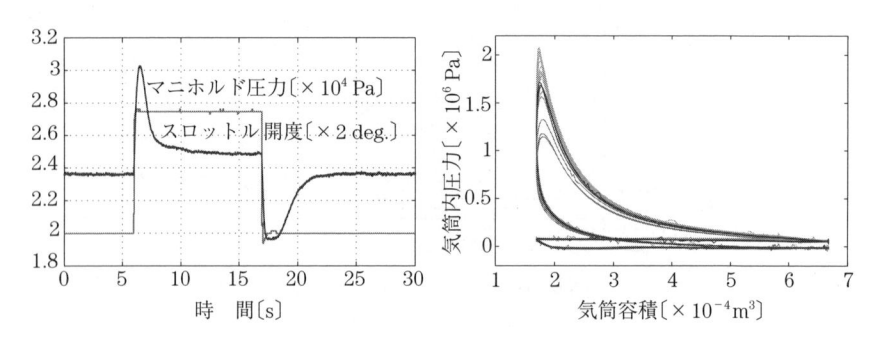

図 **2.12** 実エンジンの実験結果

表 **2.1** エンジンの基本仕様

気筒数	4
ボ ア〔mm〕	88.5
ストローク 〔mm〕	95.8
圧縮比	9.6
クランク半径〔mm〕	47.9
ロットの長さ〔mm〕	150
燃焼室容積〔mm^3〕	68.524 4
気筒容積〔mm^3〕	589.31
スロットル有効直径〔mm〕	47.6
マニホルド容積〔mm^3〕	12 300
吸気管容積〔mm^3〕	1 179
クランクシャフトイナーシャル〔kg·m^2〕	0.11

かる．

　本章で述べたエンジンモデルは，トルク生成とクランク回転運動を中心に，その動特性を表現するためのものであり，その特徴は，平均的な特性に着目した平均値モデルとは違って，各気筒内の気体の状態変化にもスポットを当てた，いわゆる in-cylinder model である．ただし，エンジンにはここで考慮したもの以外の構成要素を持っている．例えば，排気マニホルドや排気管などがある．また，気筒内の燃焼過程をより正確にモデル化するためには，残留ガスの挙動や混合気体の組成などの影響も考慮しなければならない．さらに，ここでは入力変数としてスロットル開度，燃料噴射指令と点火時期のみを考えているが，近年吸気弁の開閉時間を可調整にするなどアクチュエータ要素も多様になり，制御による性能改善の可能性も広がっている．

　最後に，エンジン制御領域でも，最近モデルベース開発が注目されているが，ここで示したような詳細モデルは，複雑すぎて制御系設計のために使えるモデルであるとはいいにくい．次章以降でも示されるように，モデルをベースにした制御系設計には，まだ平均値モデルが有効である．しかし，ここで示したモデルはエンジンダイナミクスを理解するには，不可欠なものであることには間違いない．また，エンジン制御アルゴリズムの検証にも有効である．本書で紹介するエンジン始動制御手法のシミュレーション検証結果もこのような視点から開発した詳細のエンジンシミュレータ上で得られたものである．

2.5　補足説明：ノズルを通過する気体の流量

　スロットル弁や吸気排気弁を通る気体の流れは図 2.13 のようなノズルを流れる気体の定常流れで近似することができる．スロットル弁開度や吸気排気弁リフトの変化によって，流れ面積は変わるが，この状況をノズル断面積が刻々と変わる定常流れと見なすとする．この仮定のもとでは，質量流量とエネルギー流量はどの断面積でも等しい．

　図 2.13 のノズルの上流部に点線で囲む空間を考え，徐々に縮小し問題とする

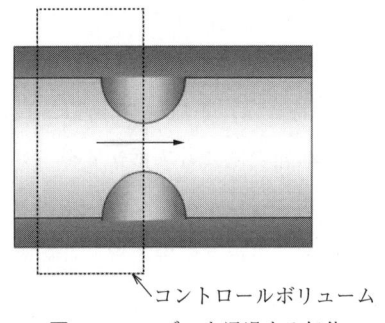

図 2.13 ノズルを通過する気体

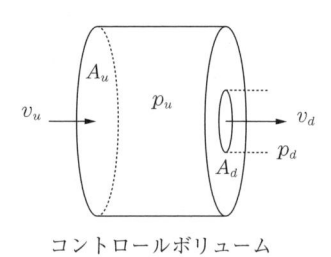

図 2.14 コントロールボリュームの簡略化

体積表面を覆うようにする．この体積をコントロールボリュームという．このコントロールボリュームに流入出する質量，エネルギー，運動量保存則を考える．無論，コントロールボリューム内で生成される保存量も考慮しなければならないが，ここで扱う問題ではコントロールボリューム内での保存量生成はないとする．コントロールボリュームは，図 2.14 のように，下流側（図中右側）が開いている円筒として簡略する．左側から流れの断面積 A_u を通し，気体の質量，エネルギー，運動量が流入する．流入気体の速度を v_u，圧力を p_u，密度を ρ_u とすると，流入質量は $A_u \rho_u v_u$，気体の自由度を f_u とすると，単位質量ごとのエネルギー流量は

$$\frac{1}{2}v_u^2 + \frac{f_u+2}{2}p_u\rho_u^{-1}$$

となる．ここで，第 1 項は運動エネルギーであり，第 2 項は単位質量の気体が運ぶエネルギーである．また，運動量は $A_u p_u + A_u \rho_u v_u^2$ となる．第 1 項は圧力がコントロールボリューム内の気体に与える力積であり，第 2 項は単位時間に流入する気体 $A_u \rho_u v_u$ が持つ運動量である．一方，最小断面積 A_d での圧力を p_d，密度を ρ_d，流速を v_d とする．流出気体の自由度は，コントロールボリューム内の気体なので f_u となる．流入気体と同様に流出気体の質量流量は $A_d \rho_d v_d$，単位質量の気体が運ぶエネルギーは

$$\frac{1}{2}v_d^2 + \frac{f_u+2}{2}p_d\rho_d^{-1}$$

2.5 補足説明：ノズルを通過する気体の流量

となり，運動量は $A_d p_d + A_d \rho_d v_d^2$ となる。

これより，質量保存則は

$$A_u \rho_u v_u = A_d \rho_d v_d \tag{2.46}$$

によって与えられ，流量を m で表すと，エネルギー保存則は

$$m\left(\frac{1}{2}v_u^2 + \frac{f_u+2}{2}p_u \rho_u^{-1}\right) = m\left(\frac{1}{2}v_d^2 + \frac{f_u+2}{2}p_d \rho_d^{-1}\right) \tag{2.47}$$

となるので

$$\frac{1}{2}v_u^2 + \frac{f_u+2}{2}p_u \rho_u^{-1} = \frac{1}{2}v_d^2 + \frac{f_u+2}{2}p_d \rho_d^{-1} \tag{2.48}$$

を得る。一方，運動量保存則は，コントロールボリュームの最小流れ断面積部の壁面での力積をコントロールボリューム内の気体が受けていることに注意すると，つぎのように求まる。

$$A_u p_u + A_u \rho_u v_u^2 - (A_u - A_d) p_u = A_d p_d + A_d \rho_d v_d^2 \tag{2.49}$$

この式より

$$A_u p_u + A_u \rho_u v_u^2 = A_d p_d + A_d \rho_d v_d^2$$

を得る。さらに，式 (2.46) を用いて A_u を消去すると

$$A_d p_u + A_d \rho_d v_d v_u = A_d p_d + A_d \rho_d v_d^2$$

となるので

$$p_u + \rho_d v_d v_u = p_d + \rho_d v_d^2 \tag{2.50}$$

を得る。ここで，$A_u \to \infty$ と考えると，$v_d \to 0$ だから，質量保存則の (2.46)，エネルギー保存則 (2.47) と運動量保存則 (2.50) はそれぞれつぎのようになる。

$$m = A_d \rho_d v_d \tag{2.51}$$

$$\frac{f_u+2}{2}p_u \rho_u^{-1} = \frac{1}{2}v_d^2 + \frac{f_u+2}{2}p_d \rho_d^{-1} \tag{2.52}$$

$$p_u = p_d + \rho_d v_d^2 \tag{2.53}$$

したがって，式 (2.51)〜(2.53) より

$$v_d = \sqrt{f_u + 2}\sqrt{p_u \rho_u^{-1} - p_d \rho_d^{-1}} \tag{2.54}$$

が得られるので

$$m = A_d \sqrt{(f_u + 2)p_u \rho_u}\sqrt{\frac{\rho_d^2}{\rho_u^2} - \frac{p_d}{p_u} \cdot \frac{\rho_d}{\rho_u}} \tag{2.55}$$

となる．さらに，式 (2.52) と式 (2.53) より

$$\frac{\rho_d}{\rho_u} = \frac{1}{f_u + 2}\left\{1 + (f_u + 1)\frac{p_d}{p_u}\right\} \tag{2.56}$$

を得る．この式を式 (2.55) に代入すると，つぎの式が得られる．

$$m = A_d \sqrt{\frac{f_u + 1}{f_u + 2}p_u \rho_u}\sqrt{\frac{(f_u + 2)^2}{4(f_u + 1)^2} - \left(\frac{p_d}{p_u} - \frac{f_u}{2(f_u + 1)}\right)^2} \tag{2.57}$$

一方，音速が気体中の伝達速度で最も早いので，最小断面積部の流速が音速を超えると，その影響は上流には伝わらない．したがって，下流の圧力が低下すると式 (2.55) に従い流量は増大するが，音速に達すると流量はそれ以上増大することなく，一定となる．このときの下流圧力を臨界圧と呼ぶ．音速 v_s は次式で表される．

$$v_s = \sqrt{\frac{f_u + 2}{f_u}p_d \rho_d^{-1}} \tag{2.58}$$

したがって，式 (2.54) を用いると，臨界圧となる条件 $v_s = v_d$ は

$$\frac{p_d}{p_u} = \frac{f_u}{f_u + 1}\frac{\rho_d}{\rho_u} \tag{2.59}$$

となり，この式に式 (2.56) を代入すると，次式が得られる．

$$\frac{p_d}{p_u} = \frac{f_u}{2(f_u + 1)} \tag{2.60}$$

この式を式 (2.57) に代入すると，臨界圧ではつぎの関係が成り立つ．

2.5 補足説明：ノズルを通過する気体の流量

$$m = A_d \sqrt{\frac{f_u+1}{f_u+2} p_u \rho_u} \frac{f_u+2}{2(f_u+1)} \tag{2.61}$$

下流側が臨界圧以下になると，もはやその影響は上流側には伝わらず，流量は式 (2.61) で凍結されてしまう．以上をまとめると，ノズルを流れる流量の式は，つぎのとおりになる．

$$m = A_d \sqrt{p_u \rho_u} \Phi \tag{2.62}$$

ここで

$$\Phi = \begin{cases} \sqrt{\dfrac{f_u+1}{f_u+2}} \sqrt{\left\{\dfrac{f_u+2}{2(f_u+1)}\right\}^2 - \left\{\dfrac{p_d}{p_u} - \dfrac{f_u}{2(f_u+1)}\right\}^2}, \\ \qquad\qquad\qquad\qquad\qquad\qquad\qquad \dfrac{p_d}{p_u} \geqq \dfrac{f_u}{2(f_u+1)} \\ \sqrt{\dfrac{f_u+1}{f_u+2}} \cdot \dfrac{f_u+2}{2(f_u+1)}, \\ \qquad\qquad\qquad\qquad\qquad\qquad\qquad \dfrac{p_d}{p_u} < \dfrac{f_u}{2(f_u+1)} \end{cases}$$

この式は臨界圧と臨界圧以下の凍結流量が式に現れており，見通しが非常によい．

一方，運動量保存式の代わりにポリトロープ変化の式

$$p_u \rho_u^{-\kappa} = p_d \rho_d^{-\kappa} \tag{2.63}$$

を用いる場合がある．これは式 (2.55) 中の密度の比を消去するために使われる．ただし，κ は比熱比であり，$\kappa = (f_u+2)/f_u$ で表される．よって，式 (2.57) には次式が対応する．

$$m = A_d \sqrt{p_u \rho_u} \sqrt{\frac{2\kappa}{\kappa-1}} \sqrt{\left(\frac{p_d}{p_u}\right)^{2/\kappa} - \left(\frac{p_d}{p_u}\right)^{(\kappa+1)/\kappa}} \tag{2.64}$$

さらに，臨界圧と凍結流量も運動量保存則を用いた場合と同様に導くことができる．したがって，式 (2.62) における関数 Φ はつぎのようになる．

$$\Phi = \begin{cases} \sqrt{\dfrac{2\kappa}{\kappa-1}}\sqrt{\left(\dfrac{p_d}{p_u}\right)^{2/\kappa} - \left(\dfrac{p_d}{p_u}\right)^{(\kappa+1)/\kappa}}, & \dfrac{p_d}{p_u} \geqq \left(\dfrac{2}{\kappa+1}\right)^{\kappa/(\kappa-1)} \\ \sqrt{\dfrac{2\kappa}{\kappa+1}}\left(\dfrac{2}{\kappa+1}\right)^{1/(\kappa-1)}, & \dfrac{p_d}{p_u} < \left(\dfrac{2}{\kappa+1}\right)^{\kappa/(\kappa-1)} \end{cases}$$

図 2.15 は Φ を計算する場合に運動量保存式を用いた場合とポリトロープ変化式を用いた場合の比較である．下流圧が臨界圧よりも低い場合，運動量保存則から求めた場合はポリトロープ変化式を用いた場合よりも 0.788 7 倍となる．また，臨界圧力比はポリトロープ変化では 0.528 3 であるが，運動量保存式では 0.416 7 となる．

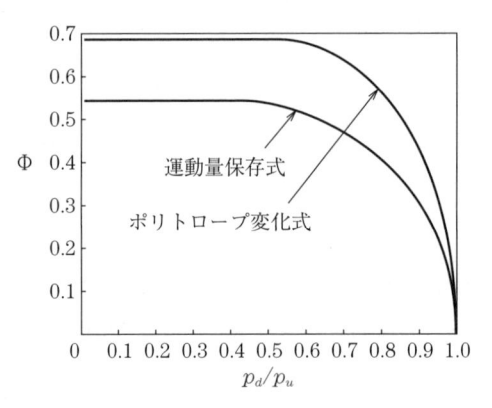

図 2.15 運動量保存式とポリトロープ変化式を用いた場合の比較

ポリトロープ変化の場合は可逆変化することを意味するが，下流側の円筒部に作用する力積が $(A_u - A_d)p_u$ とはならないことを意味している．すなわち，圧力分布を考慮して $\int_{A_u - A_d} p_d A$ のようにしなければならず，これが流量の差になる．実際には，不可逆過程である根拠はなく，実験的に求めた実用流量係数 μ を用いてつぎのように補正する．

$$m = \mu A_d \sqrt{p_u \rho_u} \Phi \tag{2.65}$$

これは，運動量保存則の場合でも同様である．運動量保存則を用いた場合は，ポリトロープ変化の場合よりも補正量は小さくなる．また，臨界圧はポリトロープ変化の式を用いた場合よりも低圧側になる．

引用・参考文献

1) E. Hendricks：A compact, comprehensive model of large turbocharged, two-stroke diesel engines, SAE paper 861190 (1986)
2) J. D. Powell：A review of IC engine models for control system design, Proc. of the 10th IFAC World Congress, San Fransico (1987)
3) L. Guzzella and C. H. Onder：Introduction to Modeling and Control of Internal Combustion Engine Systems, Springer-Verlag, Berlin (2004)
4) A. Stotsky, B. Egardt and S. Eriksson：Variable structure control of engine idle speed with estimation of unmeasurable disturbances, Tran. of the ASME, Dynamic Systems, Measurement and Control, Vol.122, pp.599〜603 (2000)
5) 新 誠一監修, 申 鉄龍：要点カーエレクトロニクス・テクノロジー，第3章ガソリンエンジン制御技術，工業調査会，pp.83〜91 (2009)
6) M. Moran and H. N. Shaprio：Fundamentals of engineering thermodynamics, Wiley, New York (1992)
7) C. F. Aquino：Transient A/F control characteristics of a 5 liter central fuel injection engine, SAE paper 810494 (1984)
8) A. Jante：Der Weg zum Wiebe-Brenngesetz, Krafifahrzeugtechnik, 4 (1960)
9) 吉田正武：最適点火時期の熱力学的解析，日本機械学会論文集（B編），Vol.64, No.617, pp.305〜311 (1998)
10) J.B.Heywood：Internal Combustion Engine Fundamentals, McGraw-Hill (1988)
11) 原田 宏 他編：自動車の制御技術，朝倉書店 (2004)
12) A. Ballechi, et al.：Automotive engine control and hybrid systems: challenges and opportunities, Proceedings of IEEE, Vol.88, No.7, pp.888〜912 (2000)
13) 申 鉄龍, 吉田正武：自動車エンジンの動特性とモデリング，計測と制御，Vol.47, No.3, pp.192〜197 (2008)

3 モデルに基づく速度制御

本章では,前章で述べたモデルの簡略化について述べる。おもに,速度制御のための平均値モデルを紹介し,そのモデルに基づくエンジン速度制御系の設計手法について述べる。さらに,モデルをベースにしたエンジン始動速度制御系の設計および解析手法を紹介する。

3.1 平均値モデル

前章で紹介したエンジンモデルの複雑さは,おもに各気筒ごとや各吸気管の特性に着目したことに起因する。吸気管の容積がマニホルドや気筒の容積に比べて無視できるにしても,各気筒ごとのモデル化が,結局,マニホルドから流出する気体の流量 $\dot{m}_o$ における非滑らかさの原因になるし,クランクシャフトに与えるエンジントルクが非滑らかで脈動するものになってしまう。この気筒の個別特性を無視し,吸気流量と生成トルクを等価的に平均化処理することによって,モデルを簡略化したのがいわゆる平均値モデル(mean-value model)である。

3.1.1 モデルの導出

まず,マニホルドから各気筒に入っていく吸気の流量 $\dot{m}_o$ について考える。1 サイクル内の平均流量を求めてみよう。いま,1 サイクル間に各気筒に吸入される気体の総量を m_o とし,この空気がマニホルド内に留まっているときに占める体積を V_o とする。この仮定によって,圧力と温度はマニホルドと同じ状態

なので，理想気体の状態方程式を適用すると

$$p_m V_o = m_o R T_m \tag{3.1}$$

が成り立つ．したがって

$$m_o = \frac{V_o p_m}{R T_m} = \frac{\eta V_{cy} p_m}{R T_m} \tag{3.2}$$

と表現できる．ただし，V_{cy} は気筒の排気量で，$\eta = V_o/V_{cy}$ は体積効率と呼ばれる係数で，前述仮定の状態の下で1サイクル間における吸気量の体積のピストンが下死点に達した時の気筒容積と上死点における気筒容積の差に対する比率である．

さらに，この気体 m_o が外部の大気圧と同じ圧力 P_a，マニホールド内の温度 T_m の状態になったときの体積を V_a とすれば，大気の空気密度 ρ_a を用いて

$$V_a P_a = R m_o T_m = R \rho_a V_a T_m \tag{3.3}$$

を得る．よって，式 (3.2) より

$$m_o = \frac{\rho_a \eta V_{cy}}{P_a} p_m \tag{3.4}$$

が得られる．

エンジン速度が ω [rad/s] なので，1サイクルにかかる時間は $4\pi/\omega$ [s] である．よって，この吸気量を得るための1サイクル間の平均流量を求めると，つぎのようになる．

$$\dot{m}_o = \frac{\rho_a \eta V_{cy}}{4\pi P_a} p_m \omega \tag{3.5}$$

したがって，この平均値を用いると，マニホールド内の圧力と温度のモデル (2.14) と (2.16) はそれぞれ以下のようなる．

$$\dot{p}_m = \frac{\kappa-1}{V_m}\dot{Q}_m + \frac{\kappa R}{V_m}\left(T_a \dot{m}_{th} - T_m \frac{\rho_a \eta V_{cy}}{4\pi P_a} p_m \omega\right) \tag{3.6}$$

$$\dot{T}_m = \frac{1}{c_v m}\dot{Q}_m + \frac{\kappa T_a - T_m}{m}\dot{m}_{th} + (1-\kappa)\frac{T_m}{m}\cdot\frac{\rho_a \eta V_{cy}}{4\pi P_a}p_m \omega \tag{3.7}$$

実際の制御系設計においては，モデルをより簡単にするために，マニホルドの外壁から吸収した熱の量 dQ は無視できるとし，マニホルド内気体の温度は外部の大気圧と同じで T_a とするので，マニホルドのダイナミクスはつぎのようにモデル化される．

$$\dot{p}_m = \frac{\kappa R T_a}{V_m}\dot{m}_{th} - \frac{\kappa R T_a}{V_m}\cdot\frac{\rho_a \eta V_{cy}}{4\pi P_a}p_m\omega \tag{3.8}$$

つぎに，エンジンの生成トルクについて考える．2.3.3項で述べたように，各気筒内の圧力からピストンの推力を算出し，さらにクランクシャフトに働くトルクに変換するモデリング手法だと，式 (2.37) と式 (2.44)，(2.45) で示したように，エンジントルクはクランク角と気筒内圧力に関する脈動を伴う非滑らかな関数で表される．ここでは，前に述べたように1サイクル間の平均吸気量に基づく平均トルクのモデリング方法を紹介する．

まず，単位質量の気体を理論空燃比の状態で完全燃焼させて得られる熱エネルギーの量を Q とすると，吸気量 dm_o が燃焼したとき発生するエネルギー量は Qdm_o となる．エンジンはこの熱エネルギーを機械エネルギーに変換する装置で，このエネルギーによってクランクシャフトが $d\theta$ 分回転したとすると，実際のエンジンが出力した機械エネルギーは $\tau_e d\theta$ となる．ただし，2.2節でも示したように吸気行程が終わって圧縮行程を経て燃焼が始まり，トルクを出力するので，その間のむだ時間（intake-to-power delay とも呼ばれる）を考慮に入れて，さらにその変換効率を c_f で表すことにすれば，次式が成り立つ．

$$\tau(t)d\theta(t) = c_f Q dm_o(t - t_d) \tag{3.9}$$

この関係より

$$\tau(t) = c_f Q \frac{dm_o(t - t_d)}{d\theta(t)} = c_f Q \frac{\dot{m}_o(t - t_d)}{\omega(t)} \tag{3.10}$$

を得るので，吸気量の平均モデル (3.5) を代入し，$\omega(t - t_d)$ を $\omega(t)$ で近似表現すればつぎのトルク生成モデルが得られる．

$$\tau = \frac{\rho_a c_f \eta Q V_{cy}}{4\pi P_a} p_m(t - t_d) \tag{3.11}$$

実際の燃焼効率 c_f は，それぞれの気筒のそのサイクルにおける空燃比や点火時期などによって変化する．

最後に，エンジン回転運動の摩擦力を

$$\tau_f = D\omega + D_0 \tag{3.12}$$

とする．ただし，D と D_0 は定数である．

以上をまとめると，クランクシャフトの回転運動方程式 (2.45) に前述のエンジントルクと摩擦トルクを代入して整理すると，つぎのようなサイクルベースの平均特徴を表すエンジン回転モデルが得られる．

$$\begin{cases} \dot{\omega}(t) = a_1 p_m(t - t_d) - \bar{D}\omega(t) - \bar{D}_0 - \bar{\tau}_l \\ \dot{p}_m(t) = a_u u(t) - a_2 p_m(t)\omega(t) \end{cases} \tag{3.13}$$

ただし，各パラメータはつぎのように定義される．

$$a_1 = \frac{c_f \rho_a Q V_{cy} \eta}{4\pi J p_a}, \quad \bar{D} = \frac{D}{J}, \quad \bar{D}_0 = \frac{D_0}{J}, \quad \bar{\tau}_l = \frac{\tau_l}{J}$$
$$a_u = \frac{RT_m}{V_m} A\psi(p_m), \quad a_2 = \frac{RT_m}{V_m} \cdot \frac{\rho_a V_{cy} \eta}{4\pi p_a}$$

また，制御入力信号 u はスロットル開度 ϕ をもって実現可能な信号であり，つぎのように定義される．

$$u(t) := 1 - \cos\phi$$

ここで，関数 $\psi(p_m)$ は式 (2.19) で定義されるので，一定の範囲内で定数を用いて十分近似できるものとする．

3.1.2 同定結果

エンジン実験装置を用いて，前述の平均値モデルのパラメータ同定結果を紹介する．実験に用いたエンジンは乗用車用の 6 気筒ガソリンエンジンである．実験では，エンジンの電子制御ユニット (ECU) に図 **3.1** (a) に示すような矩形波の指令を送信し，その値をエンジン速度が 1 500 rpm 前後で応答するように

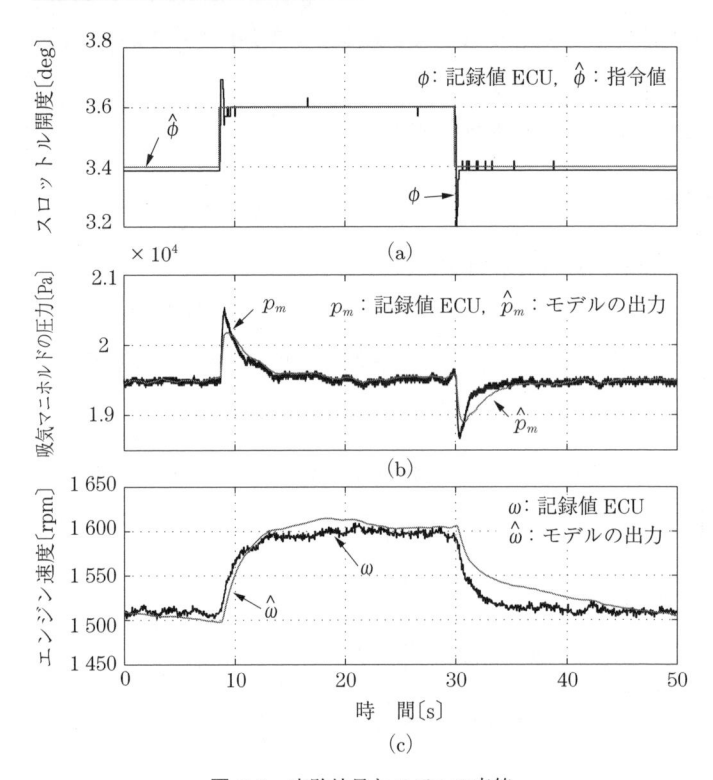

図 **3.1** 実験結果とモデルの応答

調整し，応答データを採集してオフラインで最小二乗法を用いて，モデル (3.13) のパラメータ a_1, a_2, a_u, $\bar{D}$, $\bar{D}_0$ を同定した。ただし，負荷がない状態なので，$\bar{\tau}_l = 0$ とした。その結果，つぎのような値が得られた。

$$a_1 = 6.20 \times 10^{-3}, \quad a_2 = 4.82 \times 10^{-3}, \quad a_u = 8.493 \times 10^6,$$

$$\bar{D} = 1.80 \times 10^{-3}, \quad \bar{D}_0 = 120.724$$

このモデルの有効性を示すため，図 3.1 に実験検証結果を示す。この実験は，負荷 τ_l を 0 N·m と設定して，スロットルを 3.4 deg から 3.6 deg に上げて 15 秒後にまた下げ，この繰り返し操作を行ったものである。図 (a) に実際のスロットル開度の記録を示し，図 (b) と図 (c) にそれぞれ吸気マニホルドの圧力 p_m と

エンジン速度 $N = 30\,\omega/\pi$ 〔rpm〕を示す．また，モデルの応答もそれぞれの図に示してある．

3.2 速度制御系設計

本節では，一定の負荷のもとで，フィードバックによってエンジン速度を規範モデルに追従させる速度制御系の設計について述べる．

3.2.1 制　御　則

目標速度を ω_r とする．エンジンがこの速度に安定して回転しているとすると，内部状態は相応の平衡状態に達する．前述のモデルより，その平衡点はつぎの方程式を満たす．

$$\begin{cases} 0 = a_1 p_m^* - \bar{D}\omega_r - \bar{D}_0 - \bar{\tau}_l \\ 0 = a_u u^* - a_2 p_m^* \omega_r \end{cases} \tag{3.14}$$

ここで，u^* は平衡点を維持するために必要なスロットルの開度を与える制御入力信号である．負荷トルクが変化するとき，目標速度 ω_r に対する u^* と p_m^* の関係を図 **3.2** に示す．

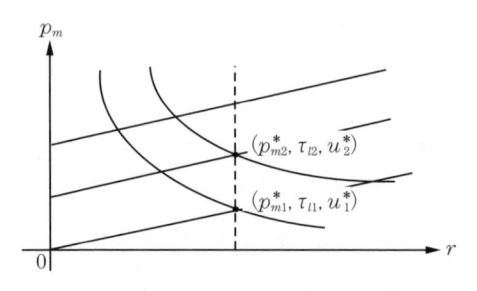

図 **3.2**　平衡点 u^* と p_m^* の関係

エンジンの初期速度から目標速度の ω_r への過渡特性をつぎのモデルで与えるとする．

$$\dot{\omega}_d = -\sigma\omega_d(t) + \sigma\omega_r \tag{3.15}$$

ここで，定数 $\sigma > 0$ は所望の調整時間を与えるパラメータであり，ω_d は規範遷移特性を与えるものでる。

このモデルに基づいてつぎのような制御則を構成する。

$$u(t) = u^* - \frac{1}{a_u}\left\{a_2 p_m^* e_\omega(t) - k_p(\omega)\left(\omega_d(t) - \omega(t)\right)\right\} \tag{3.16}$$

ただし，u^* は目標速度 ω_r と負荷によって式 (3.14) を用いて算出される。$e_\omega = \omega_r - \omega$ は速度誤差，$k_p(\omega)$ は後に決めるエンジン速度に依存するゲイン関数である。

この制御則は基本的にモデル追従誤差 $e = \omega_d - \omega$ の非線形フィードバックと平衡点を得るためのフィードフォワードによって構成されている。この速度制御系の構造を図 **3.3** に示す。

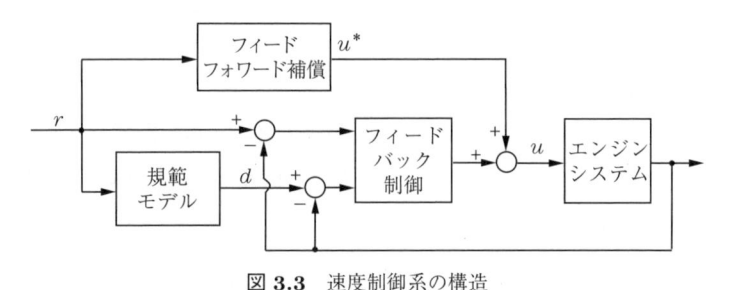

図 **3.3** 速度制御系の構造

3.2.2 安定性解析

前述のようにエンジンはむだ時間を含む動的システムである。ここで与えた制御系の安定性を議論する前に，むだ時間を含むシステムの安定性について簡単に紹介することにする。

むだ時間を含むシステムの状態空間方程式は，つぎのように表現できる。

$$\dot{x} = f(x(t-\tau)) \tag{3.17}$$

ここで，$x \in R^n$ は n 次元の状態ベクトルを表すが，むだ時間 τ が一定値 r より

小さいとし，$x(t-\tau)$ を $C_r := \{\phi \mid \phi : [0,r] \to R^n\}$ に属する関数，すなわち，区間 $[0,r]$ に定義される連続で微分可能な関数 $[0,r] \to R^n$ の $\tau \in [0,r]$ における値と見なせば，前述の時間遅れを伴う微分方程式の右辺は，汎関数 $f : C_r \to R^n$ となる．よって，この微分方程式は厳密にいうと汎関数微分方程式になる．以降，簡単のため，$x(t-\tau)$ を C_r の関数と見なしたとき，$x_t(\tau)$ または x_t と記す．

したがって，上記のシステムの解軌道 $x(t)$ の有界性と原点への収束性は下記の汎関数微分方程式 (3.18) の解 x_t の空間 C_r における有界性と原点（ゼロ関数）への収束性によって保障される．

$$\dot{x}(t) = f(x_t) \tag{3.18}$$

ただし，その有界性や収束性を議論する際に用いるノルムは次式のように定義される．

$$\|\phi\|_c := \sup_{0 \leq \tau \leq r} \|\phi(\tau)\| \tag{3.19}$$

以下では，汎関数 $f : C_r \to R^n$ は Lipschitz 連続で $f(0) = 0$ を満たすものとする．

定義 3.1

系 (3.18) が $x = 0$ において安定であるとは，以下のことが成り立つことである．任意の $\varepsilon > 0$ に対して，$\delta(\varepsilon) > 0$ 存在して，$\|\phi\|_c \leq \delta$ を満たす初期状態 ϕ に対する解 x_t が

$$\|x_t(\phi)\|_c \leq \varepsilon, \quad t \geq 0 \tag{3.20}$$

を満たす．さらに，$t \to \infty$ のとき

$$x_t(\phi) \to 0 \tag{3.21}$$

が成り立つとき，漸近安定であるという．

この安定性の定義は微分方程式の解の安定性概念の拡張であり，その判別条件としてつぎの定理がよく知られている．

定理 3.1 (Lyapunov-Krasovskii 安定定理)

系 (3.18) に対して，つぎの条件を満たす汎関数 $V(x_t)$ が存在すれば，この系は原点において安定である．

(i) 次式を満たす単調非減少関数 W_1 と W_2 が存在する．

$$W_1(\|x_t(0)\|) \leq V(x_t) \leq W_2(\| x_t(\phi) \|_c), \quad \forall x_t \in C_r \quad (3.22)$$

(ii) すべての解軌道に沿って t に関する微分がつぎの式を満たす．

$$\dot{V}(x_t(\phi)) \leq 0, \quad t \geq 0 \quad (3.23)$$

さらに，もし単調非減少関数 W_3 が存在して

$$\dot{V}(x_t(\phi)) \leq -W_3(\|x_t(0)\|) \quad (3.24)$$

が満たされるならば，この系は原点において漸近安定である．ただし

$$\dot{V}(x_t(\phi)) := \limsup_{h \to 0^+} \frac{V(x_{t+h}(\phi)) - V(x_t(\phi))}{h} \quad (3.25)$$

この定理の詳細については，文献1) を参照されたい．以下では，この定理を用いて，前節で紹介したエンジン速度制御系の安定性を示す．

平衡点の関係式 (3.14) と制御則 (3.16) を式 (3.13) に代入して誤差システムを求めると，つぎのようになる．

$$\begin{cases} \dot{e}_\omega = -\bar{D}e_\omega + a_1 e_p(t - t_d) \\ \dot{e}_p = -k_p(\omega)e_\omega - a_2 \omega e_p + k_p(\omega)e_r \\ \dot{e}_r = -\sigma e_r \end{cases} \quad (3.26)$$

ただし，$e_r = \omega_r - \omega_d$, $e_p = p_m^* - p_m$ である．この系の状態変数を

$$x(t) = \begin{bmatrix} e_\omega(t) \ e_p(t) \ e_r(t) \end{bmatrix}^T$$

3.2 速度制御系設計

と表し，x_t はその時間遅れを伴う $x(t-t_d)$ を表す．この系が前述の意味で安定であれば，速度の追従誤差は有界であり，さらに漸近安定性がいえるなら，誤差は零に収束することがいえる．

実際，つぎに与える Lyapunov-Krasovski 汎関数を用いてその結論を導くことが可能である．

$$V(x_t) = \frac{\gamma_1}{2}e_\omega^2 + \frac{1}{2}e_p^2 + \frac{\gamma_2}{2}e_r^2 + \frac{1}{2}\int_{t-t_d}^{t} e_p^2(s)ds \tag{3.27}$$

ただし，$\gamma_1 > 0$ と $\gamma_2 > 0$ は

$$\gamma_1 = \frac{\bar{D} + \sqrt{\bar{D}^2 - 2a_1^2\varepsilon}}{a_1^2}, \quad \gamma_2 = \frac{\varepsilon}{\sigma} \tag{3.28}$$

のように与えられる正定数であり，ε はつぎの不等式を満たす任意の正定数である．

$$0 < \varepsilon < \frac{\bar{D}^2}{2a_1^2} \tag{3.29}$$

以下では，簡単のためにむだ時間 t_d を定数として扱うことにする．すなわち，このむだ時間はエンジンが目標速度 ω_r に達した時のむだ時間の長さ $t_d = \pi/\omega_r$ と一致する．また，$V(x_t)$ の構造から誤差システムの解に沿った時間微分はつぎのように算出されることがわかる．

$$\dot{V}(x_t) = \frac{\partial V(x_t)}{\partial x_t(0)}\dot{x} + \frac{1}{2}(e_p^2 - e_{pt}^2) \tag{3.30}$$

以下の解析の中で，$2a_2\omega > 1$ としているが，これは実際のエンジンに対して一般的に成り立つことである．

定理 3.2 任意に与える σ に対して，フィードバックゲイン関数 $k_p(\omega)$ をつぎのように与える．

$$k_p(\omega) = \rho(t)\sqrt{\varepsilon(2a_2\omega - 1)} \tag{3.31}$$

ただし，$|\rho(t)| < 1, \forall t \geq 0$ は時間の関数でもよい．このとき，式 (3.27) によって与えられる Lyapunov-Krasovski 汎関数 V の誤差システム (3.26) と式 (3.16) の解軌道に沿った微分はつぎの不等式を満足する．

$$\dot{V}(x_t) \leq -\lambda \|x\|^2 \tag{3.32}$$

ただし，$\lambda > 0$ は十分小さい正数である．すなわち，任意の初期状態 $x_0(t_d) \in C_r$ に関して，x_t は 0 に漸近的に収束する．

証明 誤差システムの解軌道に沿って，汎関数 V の微分は以下のように求められる．

$$\begin{aligned}
\dot{V}(x_t) &= -\gamma_1 \bar{D} e_\omega^2 + \gamma_1 a_1 e_{pt} e_\omega - k_p(\cdot) e_\omega e_p - a_2 \omega e_p^2 \\
&\quad + k_p(\cdot) e_p e_r - \gamma_2 \sigma e_r^2 + \frac{1}{2} e_p^2 - \frac{1}{2} e_{pt}^2 \\
&= -\gamma_1 \bar{D} e_\omega^2 + \frac{\gamma_1^2 a_1^2}{2} e_\omega^2 - \left(\frac{a_1 \gamma_1}{\sqrt{2}} e_\omega - \frac{1}{\sqrt{2}} e_{pt} \right)^2 + \frac{1}{2} e_{pt}^2 \\
&\quad - k_p(\cdot) e_\omega e_p - a_2 \omega e_p^2 + k_p(\cdot) e_p e_r - 2\gamma_2 \sigma e_r^2 + \frac{1}{2} e_p^2 - \frac{1}{2} e_{pt}^2 \\
&\leq -\frac{1}{2} \left[2\gamma_1 \bar{D} - a_1^2 \gamma_1^2 \right] e_\omega^2 - \gamma_2 \sigma e_r^2 - k_p(\cdot) e_\omega e_p \\
&\quad - \frac{1}{2} \left[2a_2 \omega - 1 \right] e_p^2 + k_p(\cdot) e_p e_r
\end{aligned}$$

ここで，式 (3.28) の関係を考えると，この不等式からつぎの不等式が成り立つことがわかる．

$$\dot{V}(x_t) \leq -x^T Q(\omega) x$$

ただし，Q はつぎのように与える対称行列で，フィードバックゲイン関数が式 (3.31) によって与えられるとき，十分小さい $\lambda > 0$ が存在して Q は正定行列になる．

$$Q(\omega) = \begin{bmatrix} \varepsilon & \frac{1}{2} k_p(\omega) & 0 \\ \frac{1}{2} k_p(\omega) & a_2 \omega - \frac{1}{2} & -\frac{1}{2} k_p(\omega) \\ 0 & -\frac{1}{2} k_p(\omega) & \varepsilon \end{bmatrix} \geq \lambda I$$

すなわち

$$x^T Q(\omega) x \geq \lambda \|x\|^2, \quad \forall x$$

ただし，ここで $\|v\|$ はベクトル v に対して $\sqrt{v^T v}$ を表す．

さらに，Lyapunov-Krasovskii 汎関数 (3.27) の構造より

$$\mu_1(\|x\|) \leq V(x_t) \leq \mu_2(\|x_t\|_c) \tag{3.33}$$

を満たす単調非減少関数 $\mu_i(s) > 0, \forall s > 0$ ($\mu_i(0) = 0, i = 1, 2$) が存在することは明らかである。したがって，定理 3.2 より安定性がいえる。 □

フィードバックゲイン k_p が定数の場合を考えてみよう。以下では，$\zeta > 0$ は

$$2a_2(\omega_r - \zeta) > 1$$

を満たす定数とする。

定理 3.3

任意に与えられる ω_r と $\sigma > 0$ に対して，フィードバックゲイン k_p が

$$|k_p| < \sqrt{\varepsilon\{2a_2(\omega_r - \zeta) - 1\}} \tag{3.34}$$

を満たすならば，汎関数 (3.27) は誤差システム (3.26) に沿って，領域

$$\mathcal{D} = \{x_t \in C_r \mid |e_\omega| \leq \zeta\} \tag{3.35}$$

内においてつぎの不等式を満たす。

$$\dot{V}(x_t) \leq -\lambda \|x\|^2 \tag{3.36}$$

ただし，$\lambda > 0$ は十分小さい定数である。すなわち，閉ループ系 (3.26) は局所的に漸近安定である。さらに，任意の初期状態 $x_0 \in \Omega$ に対して，x_t は漸近的に原点に収束する。ここで，Ω はつぎのように定まる領域である。

$$\Omega = \left\{ x_t \in C_r \ \middle| \ \|e_\omega\|_c^2 + \frac{1+t_d}{\gamma_1}\|e_p\|_c^2 + \frac{\gamma_2}{\gamma_1}\|e_r\|_c^2 \leq \zeta^2 \right\} \tag{3.37}$$

証明 定理 3.2 の証明と同様に，誤差システムの解軌道に沿ってつぎを得る。

$$\dot{V}(x_t) \leq -x^T Q' x$$

ただし

$$Q' = \begin{bmatrix} \varepsilon & \dfrac{1}{2}k_p & 0 \\ \dfrac{1}{2}k_p & a_2(\omega_r - \zeta) - \dfrac{1}{2} & -\dfrac{1}{2}k_p \\ 0 & -\dfrac{1}{2}k_p & \varepsilon \end{bmatrix}$$

式 (3.34) が成り立つとき，Q' は正定なので，十分小さい $\lambda > 0$ が存在して，式 (3.36) がすべての $x_t \in \mathcal{D}$ について成り立つことがわかる．したがって，定理 3.1 よりこの系は局所的に漸近安定であることがいえる．

一方，汎関数 V について

$$V(x_t) \leqq \mu_2(\|x_t\|_c) , \quad \forall x_t \in \Omega \tag{3.38}$$

がいえる．ただし

$$\mu_2(\cdot) = \frac{1}{\zeta^2}\|e_\omega\|_c^2 + \frac{(1+t_d)}{\gamma_1 \zeta^2}\|e_p\|_c^2 + \frac{\gamma_2}{\gamma_1 \zeta^2}\|e_r\|_c^2$$

さらに，この Ω は有界で，かつ $\Omega \subset \mathcal{D}$ なので，式 (3.36) よりつぎが成り立つ．

$$\dot{V}(x_t) \leqq -\lambda\bigl[\mu_2^{-1}(V(x_t))\bigr]^2 \tag{3.39}$$

文献2) の補題 (Lemma) 4.4 より，この条件は任意の初期状態 $x_0 \in \Omega$ に対して $t \to 0$ のとき，$V(x_t) \to 0$ となり，ゆえに，$x_t \to 0$ となることを意味する．　□

以上の議論において，むだ時間 t_d は時不変としているが，時変の場合でも有界であれば同様の結論を導くことが可能である．詳細については文献3),4) を参照されたい．

3.2.3　実　験　結　果

3.1 節で同定したモデルパラメータに基づいて設計した速度制御系の実験結果を示す．実験に使ったのはモデル同定を行った際に用いたエンジンである．同定結果を用いて計算すると，ε の選択範囲は (0, 0.0421) である．また，参考モデルの時定数は $\sigma = 1.5$ とし，フィードバックゲイン関数 (3.31) のパラメータは，それぞれ $\varepsilon = 0.04$ と $\rho = 0.65$ とする．この制御則が与える $u(t)$ からスロットル開度の指令値を次式によって算出する．

$$\phi = \arccos(1-u) \cdot 180/\pi \tag{3.40}$$

図 3.4 (a), (b) に初期速度 $\omega = 1\,500$ rpm から目標指令値 ω_r をそれぞれ $1\,700$ rpm, $1\,900$ rpm と与えたときの応答を示す.図にはスロットル開度およびそれに対するエンジン速度の応答,規範モデルの出力が示されている.

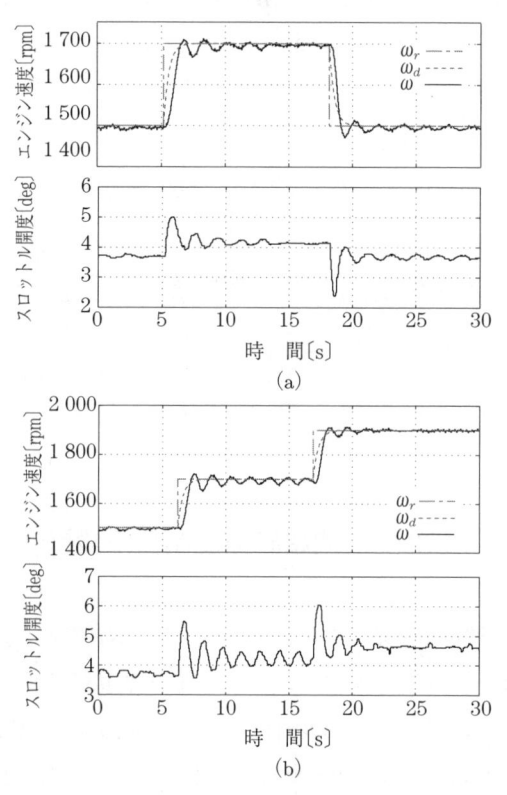

図 3.4 非線形ゲイン $k_p(\omega)$ を用いた実験結果

さらに,定理 3.2 で示した定常ゲイン k_p を用いた時の実験結果を図 3.5 に示す.ただし,ここでは目標速度がそれぞれ $1\,500$ rpm と $1\,700$ rpm のとき,$\zeta = 300$, $\varepsilon = 0.04$ として,定理 3.3 によって与える定常ゲインの選択範囲がそれぞれ $|k_p| < 0.091$ と $|k_p| < 0.128$ なので,$k_p = 0.085$ としている.また,定理に基づいて算出した誤差システムの収束領域はつぎのようになる.

$$\Omega = \left\{ x_t \in C_r \mid \|e_{\omega t}\|_c^2 + 1.7 \times 10^{-2} \|e_{pt}\|_c^2 \right.$$
$$\left. + 5.0 \times 10^{-4} \|e_{rt}\|_c^2 \leq 986.96 \right\} \tag{3.41}$$

図 3.5 はその応答の一例を示す．前述の非線形ゲイン関数を用いた時と応答性は多少劣化するが，目標値に収束することがわかる．

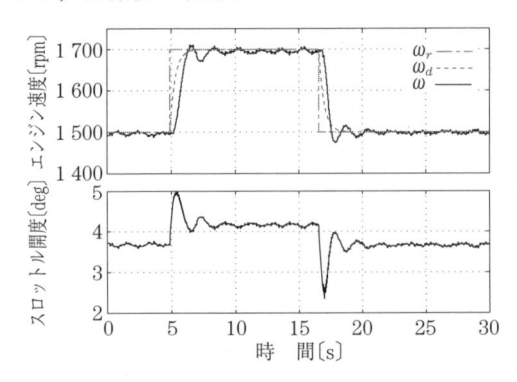

図 3.5 定常ゲイン k_p を用いた実験結果

3.3 冷間始動速度制御系設計

3.2 節で述べた速度制御系はエンジンのモデルに依存する．また，燃料噴射量と点火時期はほかの制御ループによってつねに理想状態に制御されているものとしている．しかし，エンジンの特性が急激に変化する冷間始動期間においては，燃料パスや吸気パスの特性が急激に変化するので，燃料噴射量の制御は難しくなる．また，モデルのパラメータの急激な変化のため，燃料パスの制御がうまくできるとしても，速度制御は 3.2 節で示したとおりにはならない．本節では，付録で示した冷間始動ベンチマーク問題を取り上げ，冷間始動期における制御則を設計する．

ここで紹介する冷間始動期における始動速度制御系は図 3.6 に示すとおりである．おもに燃料パス制御ループ，点火時期制御ループとスロットル制御ループ，これらの制御ループを協調管理するスーパーバイザーブロックによって構成される．以下では，各部分の詳細について述べる．

3.3 冷間始動速度制御系設計

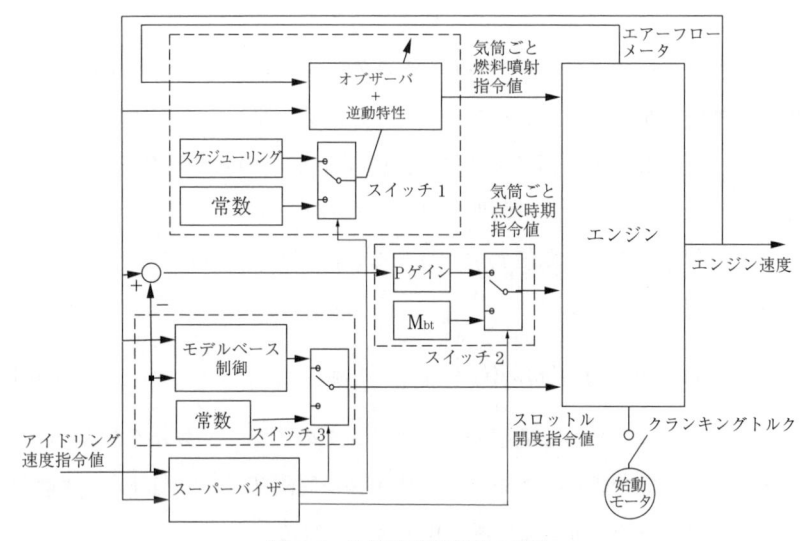

図 3.6 冷間始動制御系の構造

3.3.1 燃料パス制御

燃料噴射量はその気筒の空気吸入量に基づいて決めるべきであるが，冷間始動期のようなエンジンの特性が急激に変化し，かつエンジン速度が過渡期にあるときは，その空気吸入量を推定することは容易ではない．ここでは，空気吸入量推定に吸気マニホルドの平均値モデルを基本に構成するオブザーバを用いることにするが，そのパラメータを始動初期において手動で調整する方法を用いる．さらに，燃料パスの動特性を考慮し，そのモデルの逆ダイナミクスに基づいて燃料噴射量を決める方法を用いる．

まず，吸気マニホルドからその時の気筒内に入っていく吸気流量 $\dot{m}_o$ を推定するために，3.1 節のモデルを用いてつぎのようにオブザーバを構成する．

$$\begin{cases} \dot{\hat{p}}_m = \dfrac{RT_m}{V_m}(\dot{m}_i - \hat{\dot{m}}_o) \\ \hat{\dot{m}}_o = \dfrac{\rho_a V_c \eta}{4\pi p_a}\omega \hat{p}_m \end{cases} \tag{3.42}$$

ただし，初期値については $\hat{p}_m(0)$ は大気圧とし，マニホルドの温度 T_m は外部の大気温度と同じものとする．また，$\dot{m}_i$ はスロットルを通る空気の流量であ

り，エアーマスフローメータの測定値を使うものとする。

吸気量の推定を各気筒ごとに提供するため，各気筒の上死点（TDC）間隔で離散的に推定値を決める．よって，気筒ごとに吸気量を決めるサンプリング周期は $T_c = 2\pi/(3\omega)$ [s]，すなわち 6 気筒のエンジンの場合，$T_c = 120$ deg になる．実際，上で述べた連続時間オブザーバの $t = lT_c$ 時刻における $\hat{m}_o$ の値と，吸気行程の長さの近似値 $\hat{t}_{TDC}(l) = 2\pi/3\omega(lT_c)$ を用いて，つぎのように吸気量の推定値を決める．

$$\hat{m}_{cyl}(l) = \hat{m}_o(lT_c)\hat{t}_{TDC}(l) \tag{3.43}$$

ただし，l は $T_c = 120$ deg 間隔のサンプリングのインデックスである．

つぎに，各気筒の燃料パスモデルをサイクル間隔 $T_s = 4\pi/\omega$ [s] で離散化すると，以下のような i 番気筒の離散化モデルを得る．

$$\begin{cases} m_{fi}(k+1) = (1-\chi)m_{fi}(k) + \varepsilon u_{fi}(k) \\ m_{fci}(k) = \chi m_{fi}(k) + (1-\varepsilon)u_{fi}(k) \end{cases} \tag{3.44}$$

ここで，k はサイクルベースのサンプリングインデックスを表す．

したがって，所望の燃料噴射量の出力を理論空燃比に合わせて

$$m_{fci}(k) = \frac{\hat{m}_{cyl}\bigl(6(k-1)+i\bigr)}{\lambda_d}, \quad i = 1, 2, \cdots, n \tag{3.45}$$

のように定め，この燃料パスの逆ダイナミクスを求めて i 番気筒の燃料噴射量指令値 u_{fi} を求めると，つぎのようになる．

$$u_{fi}(k+1) = Au_{fi}(k) + Bm_{fci}(k) + Cm_{fci}(k+1) \tag{3.46}$$

ただし

$$A = -\frac{\chi\varepsilon - (1-\chi)(1-\varepsilon)}{1-\varepsilon}, \quad B = -\frac{1-\chi}{1-\varepsilon}, \quad C = \frac{1}{1-\varepsilon}$$

前述の燃料噴射量制御のアルゴリズムは，まず，多重サンプリング周期を持つ連続時間オブザーバに基づく離散時間制御系であることに注意されたい．各気筒のモデルパラメータや，始動期におけるエンジン特性の変化の影響を最終

的には制御則 (3.46) のゲインである A, B, C を調整することによって対応することになる．また，各サンプリングループについて，$k = \text{fix}((l-1)/6) + 1$ ($l = 1, 2, \cdots$) を満たすことに注意されたい．

最後に，吸気マニホルドのオブザーバの収束特性について触れておく．オブザーバの推定誤差は式 (3.8) と式 (3.42) よりつぎのように簡単に求められる．

$$\dot{\tilde{p}}_m = -\tilde{c}(\omega)\tilde{p}_m$$

ここで，$\tilde{p}_m = \hat{p}_m - p_m$ はオブザーバの推定誤差を表し，$\tilde{c}(\cdot) = RT_a\rho_a V_c \eta/(4V_m \pi p_a) \cdot \omega$ である．$\tilde{c}(\omega) > 0$ はつねに正であることに注意すると，この誤差方程式の解が収束することがわかる．ただし，エンジン始動後定常状態に近付くにつれ，$\dot{m}_o$ が $\dot{m}_i$ に等しくなるので，$\dot{m}_i$ の計測値であるスロットルを通る空気流量の計測値を用いて制御することにする．燃料噴射量の制御則のブロック線図を図 **3.7** に示す．

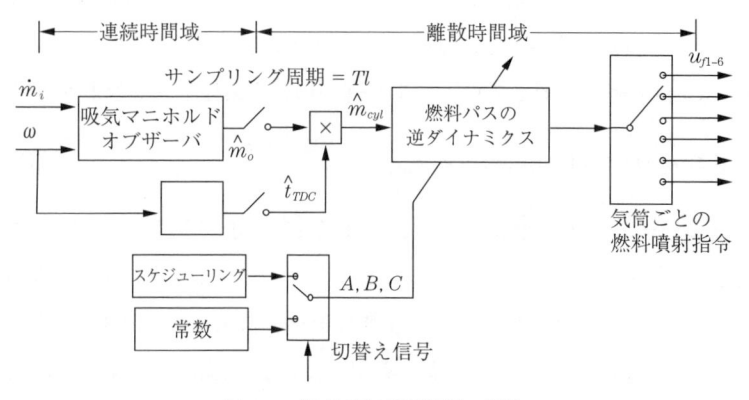

図 **3.7** 燃料噴射量制御則の構造

3.3.2 点火時期とスロットルの協調制御

始動期におけるエンジン速度制御の基本は，いかにトルクを抑制しながらアイドリング速度への調整時間を短縮するかである．特にスタータによるクランキング状態から最初に着火し燃焼を始める数回のトルク出力の間は，クランクシャフトに大きな加速度を与えるので，なるべく吸気量を減らし発生するトル

クを抑えるべきである．また，この間のトルク調整には，即応性のある点火時期を用いるべきである．

以上の考察に基づいて，ここではスロットルと点火時期を用いた始動速度制御を考える．スロットルの制御則については，3.1節で示したモデルに基づくフィードバック制御を用いるが，最初に着火し加速してから速度誤差が一定値に達するまでは，点火時期のみのフィードバック制御を用いるとし，後にスロットル制御ループに切り替えることにする．

まず，より滑らかな過渡応答を得るために，3.1節と同様につぎのような参考モデルを導入する．

$$\dot{\omega}_d(t) = -\sigma(\omega_d - \omega_r), \quad t \geq t_0 \tag{3.47}$$

ここで ω_r は所望のアイドリング速度である．ただし，このモデルはある気筒が最初に着火して燃焼を始める時刻 t_0 を初期時刻とし，その時のエンジン速度をこのモデルの初期状態とし，$\omega_d(t_0) = \omega(t_0)$ とおく．

つぎに，点火時期制御とスロットル制御の切替え条件を以下のように定める．

$$0 \leq e_\omega(t) \leq 50 \text{ rpm} \quad \text{かつ} \quad \dot{e}_\omega(t) < 0 \tag{3.48}$$

ここで，$e_\omega := \omega - \omega_d$ は実際のエンジン速度と参考モデルの出力との差である．着火後この条件が初めて満たされるとき，クランクシャフトは十分な加速度を得たと見なし，スロットルによる速度調整モードに入る．この条件が最初に満たされる時刻を t_1 とし，つぎのような切替えによる協調制御則を構築する．

$$u_s(t) = \begin{cases} k_s e_\omega + u_{s0}(t), & t_0 \leq t \leq t_1 \\ M_{bt}, & t \geq t_1 \end{cases} \tag{3.49}$$

$$u(t) = \begin{cases} 0, & t \leq t_1 \\ u^* + K_t(\omega)e_\omega, & t \geq t_1 \end{cases} \tag{3.50}$$

ただし，M_{bt} は定数で，u^* は3.2節で示した手法によって，負荷トルクを0とおいて算出するアイドリング速度に必要な開度である．

3.3.3 シミュレーション検証

巻末の付録で与えるエンジンシミュレータを用いてここで示した制御アルゴリズムを検証する。

まず，吸気マニホルドのオブザーバを設計するために，シミュレータの応答データをもとに，パラメータ同定を行う。ただし，回転速度 650 rpm 時の定常状態における応答を基準とする。モデル導出の際に用いた物理パラメータは**表 3.1** に示すとおりである。

表 3.1 エンジンパラメータ

R	287	V_m	6.0×10^{-3}
p_a	1.01×10^5	V_c	3.6×10^{-3}
T_a	298.15	η	1
ρ_a	1.1837	λ_d	14.5
s_0	3.5×10^{-3}	M_{bt}	20 deg

パラメータ同定の結果，つぎのようなパラメータを得る。

$$a_1 = 2.5 \times 10^{-3}, \quad \bar{D} = 3.0 \times 10^{-3}, \quad \bar{D}_0 = 35.98,$$

$$a_u = 3.965 \times 10^7, \quad a_2 = 4.79 \times 10^{-2}, \quad \varepsilon = 0.1, \quad \chi = 0.01$$

前述のように，始動期のエンジン特性の変化に対応するため，燃料パスのモデルパラメータを最初の3サイクルまでに手動で調整し，**表 3.2** のようにスケジューリングする。

表 3.2 燃料パスモデルのパラメータ

	$k=1$	$k=2$	$k=3$	$k=4$	⋯
χ	0.08	0.6	0.2	0.01	⋯
ε	0.5	0.1	0.1	0.1	⋯

また，速度制御系に関しては，参考モデルの時定数を $\sigma = 15$ とし，点火時期制御ループのゲインを $k_s = 0.07$ と $u_{s0} = 10\,\mathrm{deg}$ とする。スロットル制御ループの速度フィードバックゲインは定理 3.3 によってパラメータ ρ と ε の選択範囲を算出し，つぎのように定める。

$$K(\omega) = 0.9\sqrt{\varepsilon(2a_2\omega - 1)} \tag{3.51}$$

図 **3.8** に吸気流量のオブザーバ出力とシミュレータから計測した $\dot{m}_o$ の応答を示す。始動初期において，オブザーバによる推定値の精度が十分であるといえる。また，この推定値と上記の燃料パスモデルのパラメータのスケジューリングに基づいて，逆ダイナミクスを解くことによって燃料噴射量を求める。簡単のため，1, 3, 5 番気筒の燃料噴射指令値と気筒ごと空燃比をそれぞれ図 **3.9** に示す。

以上のように決めた制御則のもとの始動速度応答を図 **3.10** に示す。ただし，速度制御則のパラメータをそれぞれ 1.2×10^{-4}, 1.9×10^{-4}, 0.5×10^{-4} としたときの応答である。

アイドリング速度の設定値を 750 rpm としたときの応答を図 **3.11** に示す。また，空気量推定モデルで用いたパラメータ η の選択が制御性能に及ぼす影響を示すため，異なる η に対する応答特性変化を図 **3.12** に示す。始動温度変化の様子は図 **3.13** に示す。

本章では冷間始動時の過渡特性改善を主な目標としているが，アイドリング状態における制御問題自身もエンジン制御の重要な課題であり，数多くの制御方法が提案されている（文献5)~14) を参照されたい）。

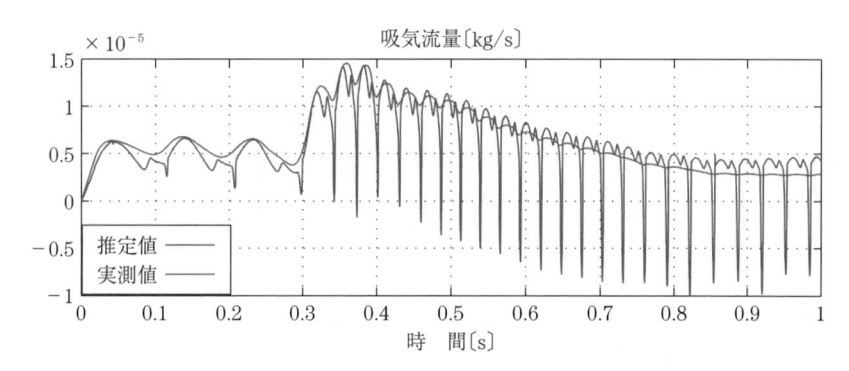

図 **3.8** 吸気流量とオブザーバの出力

3.3 冷間始動速度制御系設計

図 3.9 燃料噴射指令値と気筒ごと空燃比

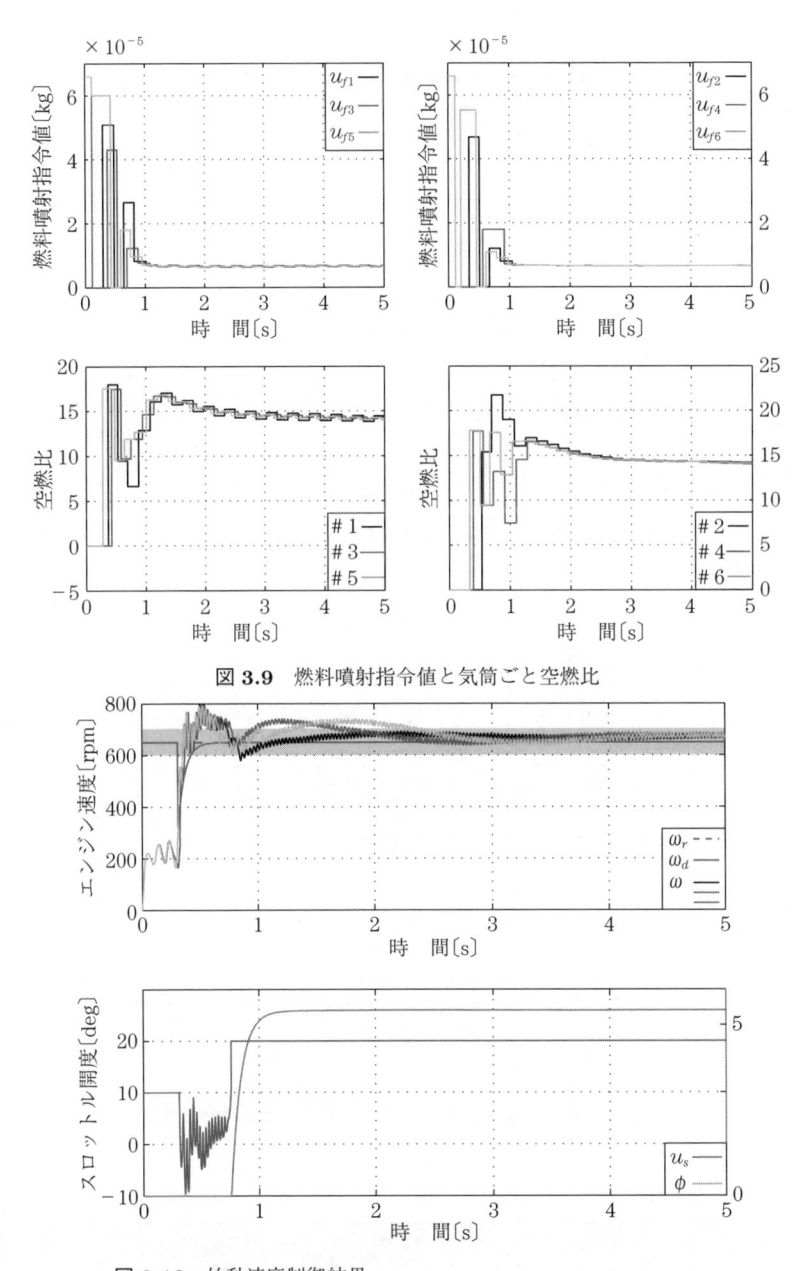

図 3.10 始動速度制御結果
（ε がそれぞれ 1.2×10^{-4}, 1.9×10^{-4}, 0.5×10^{-4} とした結果）

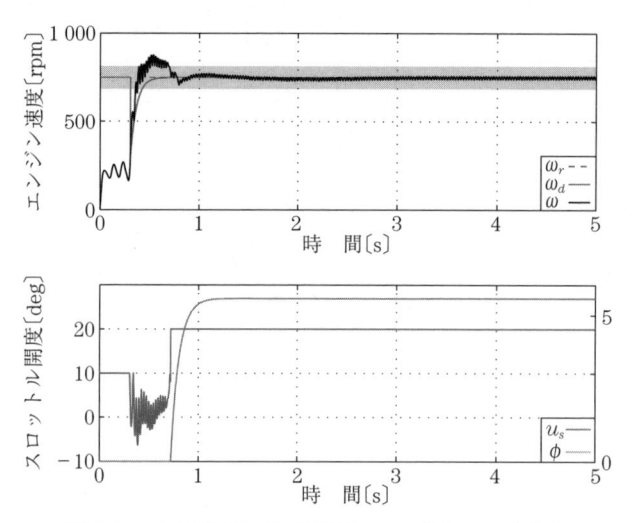

図 **3.11** アイドリング設定値を $\omega_r = 750$ rpm としたときの応答

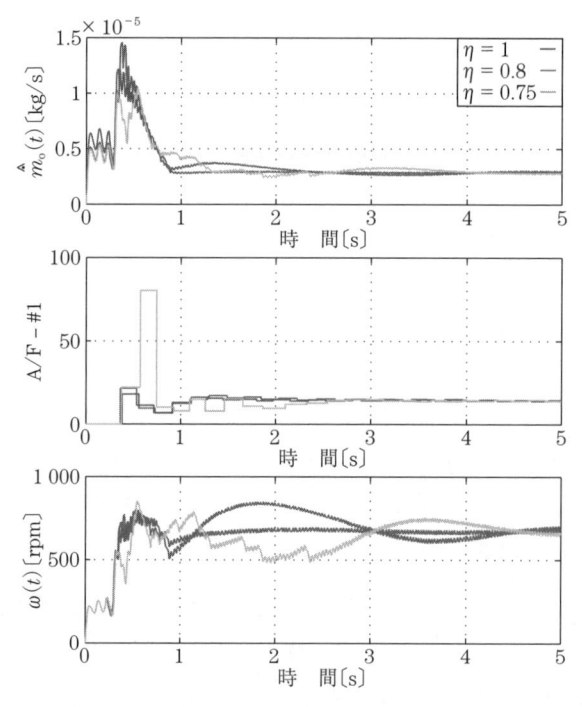

図 **3.12** η が変化したときの応答

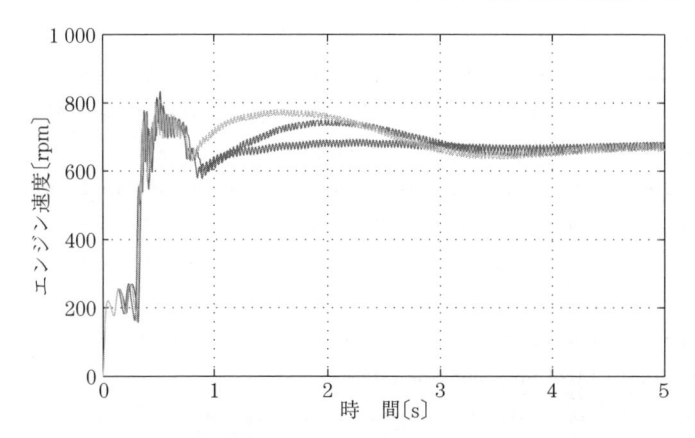

図 3.13 始動温度変化に対する応答（環境温度がそれぞれ $Tw_0 = 298.15\,\mathrm{K},\ 323.15\,\mathrm{K},\ 348.15\,\mathrm{K}$ のときの応答）

引用・参考文献

1) J. Hale and S. Lunel：Introduction to functional differential equations, Springer-Verlag, New York (1993)
2) H.K. Khalil：Nonlinear systems (Third edition), Prentice Hall, New Jersey (2002)
3) J. Zhang, T. Shen and R. Marino：nonlinear speed control scheme and its stability analysis for SI engines, SICE Journal of Control, Measurement, and System Integration, Vol. 3, No. 1, pp. 1〜7 (2010)
4) J. Zhang, T. Shen and R. Marino：model-based cold-start speed control design for SI engines, in Proc. of the 17th IFAC World Congrss, pp. 1042〜1047 (2008)
5) M. Thornhill, S. Thompson and H. Sindano：A comparison of idle speed control schemes, Control Engineer Practice, Vol. 8, pp. 519〜530 (2000)
6) A. Ohata, J. Kako, T. Shen and K. Ito：Benchmark problem for automotive engine control, SICE 2007 Proc., pp. 1723〜1726 (2007)
7) K. R. Butts, N. Sivashankar and J. Sun：Application of l_1 optimal control to the engine speed control problem, IEEE Tran. Control Systems Technology,

Vol. 7, No. 2, pp. 258〜270 (1999)

8) S. Choi and J.K. Hedric : Robust throttle control of automotive engines: theory and experiment, Tran. of the ASME, Dynamic System, Measurement and Control, Vol. 118, pp. 92〜98 (1996)

9) D. Hrovat, D. Colvin and B.K. Powell : Comments on "applictions of some new tools to robust stability analysis of spark ignition engine: a case study", IEEE Tran. Control Systems Technology, Vol. 6, No. 3, pp. 435〜436 (1998)

10) R. Pfiffiner and L. Guzzella : Feedback linearization of a multi-input SI-engine system for idle speed control, Proc. of the 5th IEEE Medit. Conference on Control and Systems (1997)

11) L.G. Glielmo, S. Santini and G. Serra : Optimal idle speed control with induction-to-power finite delay for SI engines, Proc. of the 7th Medit. Conference on Control and Automation, pp. 200〜209 (1999)

12) L.G. Glielmo, S. Santini and I. Cascella : Idle speed control through output feedback stabilization for finite time delay systems, Proc. ACC, pp. 45〜49 (2000)

13) X.Q. Li and S. Yurkovich : Sliding mode control of delayed systems with application to engine idle speed control, IEEE Tran. On Control Systems Thechnology, Vol. 9, No. 6, pp. 802〜810 (2001)

14) S.C. Bengea, X.Q. Li and R.A. DeCarlo : Combined controller-observer design for uncertain time delay systems with application to engine idle speed control, Tran. of the ASME, Vol. 126, pp. 772〜780 (2004)

15) A. Stotsky, B. Egardt and S. Eriksson : Variable structure control of engine idle speed with estimation of unmeasurable disturbances, Tran. of the ASME, Dynamic Systems, Measurement and Control, Vol. 122, pp. 599〜603 (2000)

4 役割変数を用いた物理モデルベース制御

　これまでのエンジン制御は経験を活かしたマップや if-then ルールによる設計が主であったが，エンジンごとに膨大な開発工数が必要であった．最近の研究では物理モデルによる設計も提案されている[1),2)]（例えば，エンジン速度制御[3)〜9)]，空燃比制御[10)〜15)]）．しかしながら，これらの手法は，部分的な物理モデルや一次遅れ等で同定した数理モデル，マップなどを経験等により組み合わせて利用するに留まっており，エンジンシステム全体の最適性は十分に議論されていない．そこで本章では，エンジン内部の状態間の相互関係を考慮した多入力の最適な制御設計を実現するため，物理モデルからの制御則導出を目的とする．

4.1 モデリングと制御仕様

　図4.1に示すような内燃機関のモデリングに関しては，これまでに多くの研

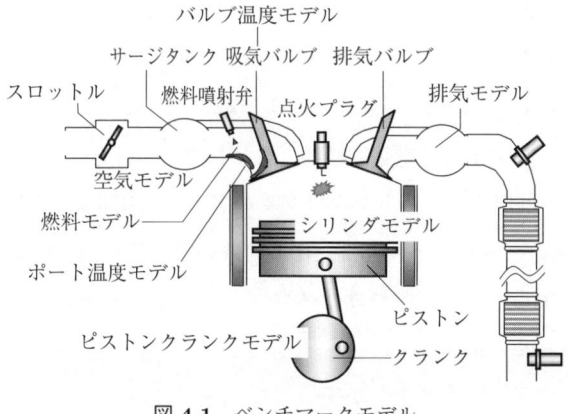

図4.1　ベンチマークモデル

究がなされている[16]。例えば，スロットルや吸気・排気バルブのガス流れは，ノズル内の流量関数で表現できる[17]。また，シリンダ内での熱発生率と冷却損失は，おのおの Weibe 関数[18]，Woschni 関数[19] で表現できる。そして，ポート噴射での燃料挙動のモデリングは文献 20) で示されている。これらのモデルは一次元エンジンシミュレーション等に利用され，自動車のエンジン制御開発に広く適用されている。エンジンのおもな特徴を表 4.1 にまとめる。

表 4.1 エンジンのおもな特徴

冗長な入力	スロットル開度，気筒数分の燃料噴射量，気筒数分の点火時期など
むだ時間系	ポート噴射では，燃料噴射は 1 サイクルの遅れが存在
非線形系	吸気時および排気時はもちろん，特に燃焼時には強い非線形性を持つ。
ハイブリッド系	クランク角依存のイベントにより時間依存の非線形物理挙動が切り替わる。
周期系	吸気・圧縮/膨張（以下，燃焼）・排気で 1 サイクル
多気筒エンジン	周期的な各気筒の位相がたがいにシフトして連動

本章では，つぎのエンジンの冷間始動制御問題（以下，ベンチマーク問題）を考える。問題の詳細説明は巻末付録 A を参照されたい。

制御仕様 1　始動後 1.5 秒以内にエンジン速度を 650 ± 50 rpm に到達させる。

制御仕様 2　エンジン速度のオーバシュートをできる限り抑える。

制御仕様 3　エンジン速度を 650 rpm に安定化する。

制御仕様 4　可燃範囲は空燃比で 9〜22 とする。

ベンチマークモデルは，空気，燃料，シリンダ（燃焼と冷却損失を含む），バルブ温度，ポート温度，ピストンクランクの各サブモデルから構成されており，13 個の制御入力（スロットル開度，6 気筒分の燃料噴射量，6 気筒分の点火時期）と 2 個の出力（エンジン速度，スロットル流量）を備える。なお，排気系は大気で近似している。

以下にベンチマークモデルを示す。

4.1 モデリングと制御仕様

気体の状態方程式：（本章では，小文字の m は kg/s を，大文字の M は kg を表す）

$$P_a V_a = M_a R T_a, \quad P_{cj} V_{cj} = M_{cj} R T_{cj} \tag{4.1}$$

質量保存則：

$$\frac{dM_a}{dt} = m_t - \sum_{j=1}^{6} m_{ivj}, \quad \frac{dM_{cj}}{dt} = m_{ivj} - m_{evj} \tag{4.2}$$

エネルギー保存則：

$$\begin{aligned}
\frac{d(M_a C_{Va} T_a)}{dt} &= m_t C_{Po} T_o - \sum_{j=1}^{6} m_{ivj} C_{Pa} T_a \\
\frac{d(M_{cj} C_{Vcj} T_{cj})}{dt} &= m_{ivj} C_{Pa} T_a - m_{evj} C_{Pcj} T_{cj} \\
&\quad - P_{cj} \frac{dV_{cj}}{dt} + q_{wj} + q_{bj} \\
\frac{dT_{vj}}{dt} &= H_3 q_{wj} - H_4 (T_{vj} - T_o) \\
\frac{dT_{pi}}{dt} &= \sum_{j \in J_i} \{ H_1 q_{wj} - H_2 (T_{pi} - T_o) \}
\end{aligned} \tag{4.3}$$

並進・回転運動方程式：

$$I \frac{d^2 q}{dt^2} = \tau - B^T(q) \lambda, \quad B(q) \frac{dq}{dt} = 0 \tag{4.4}$$

燃料挙動モデル：

$$\begin{aligned}
\frac{dF_{wpj}}{dt} &= X_{pj} u_{fj} - Y_{pj} F_{wpj} \\
\frac{dF_{wvj}}{dt} &= X_{vj} u_{fj} - Y_{vj} F_{wvj} \\
F_{cj} &= (1 - X_{pj} - X_{vj}) u_{fj} + Y_{pj} F_{wpj} + Y_{vj} F_{wvj}
\end{aligned} \tag{4.5}$$

ここで，P：圧力，V：容積，M：質量，T：温度，m_t, m_{iv}, m_{ev}：スロットル，吸気バルブおよび排気バルブ流量，C_v, C_p：定積比熱および定圧比熱，q_b：燃焼エネルギー，q_w：冷却損失，q：全ピストン位置とクランク角をまとめたベク

トル, I：慣性行列, τ：外力, B：拘束空間, λ：ラグランジュ乗数, F：燃料量, u_f：燃料噴射量, R：気体定数, H_1, H_2, H_3, H_4：熱伝達係数, X, Y：燃料パラメータである．また, 以下のように接尾辞を定義する．$j \in \{1, 2, ..., 6\}$：気筒番号, $i \in \{1, 2\}$：ポート（バンク）番号, $J_1 = \{1, 3, 5\}$ および $J_2 = \{2, 4, 6\}$：各バンクに存在する気筒の集合, a：サージタンク, c：シリンダ, o：外気, p：ポート（バンク）, v：バルブ, w：付着．なお, ポート温度モデルは左右バンクの温度である．

これらの非線形代数方程式および非線形微分方程式 (4.1)〜(4.5) は6気筒分存在し, かつクランク角依存のバルブ開閉イベントにより現象が切り替わるため, ベンチマークモデルはとても複雑である．そのため, 計算コストの点で実装可能なコントローラを設計するためには, 物理モデルの簡易化が必要となる．さらには, 現実的な目標値や制約を考慮して制御設計することを考えると, 簡易化されたモデルは物理的に意味を持った状態変数で記述されることが望ましい．本章では, クランク角ベースで離散時間モデルのサンプル点を選び, つぎのモデリングプロセス[21]に従って, 簡易化された非線形時不変離散時間モデルを導出する．

ステップ 1：非線形微分方程式 (4.2)〜(4.4) を近似解析手法を用いて適当なクランク角ごとに解き, 非線形周期離散時間モデルを導出する．

ステップ 2：役割変数という新しい概念を用いて周期離散時間モデルを時不変離散時間モデルに等価変換する．

4.2 周期離散時間モデルの導出

4.2.1 サンプル点

クランク角ベースの離散時間モデルのサンプル点は, 計算負荷の点から最小限にすることが望まれる．図 **4.2** に各気筒の状態遷移を示す．吸排気バルブの開閉により吸気, 燃焼, 排気の各行程が切り替わるため, 各行程終了時の状態は必ず計算しなければならない．そこで, 各気筒各行程終了時をすべて選択す

4.2 周期離散時間モデルの導出   69

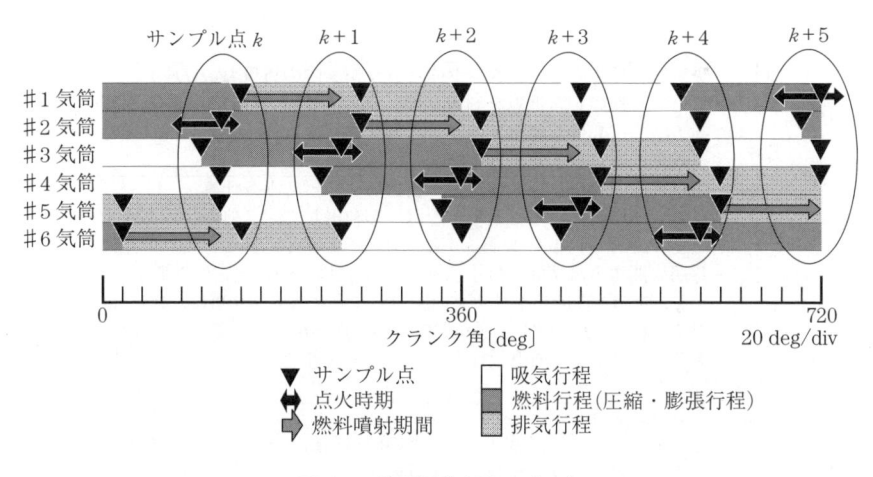

図 4.2 状態遷移とサンプル点

ると，6気筒エンジンの場合，3気筒は各行程終了時で，残りの3気筒はいずれかの行程の途中の状態にあることがわかる．よって，各行程終了時および各行程途中時の6個のサンプル点で1サイクル720 degを分割する．ただし，終了時と途中時は厳密に同時刻で生じないため，バルブ進角がない場合は±20 degずれるが同サンプル点として約120 degごとの離散時間モデルを導出する．

4.2.2 連続時間モデルの近似解析解

サンプル点間の挙動は吸気・燃焼・排気のいずれの行程においても非線形であり解析的に解くことは困難である．そこで，**表 4.2** を考慮して連続時間の物理モデルを近似解析的に解いて離散化する．

（1）吸排気行程中のサージタンク内とシリンダ内の質量および圧力　サンプル点 k から $k+1$ までの吸気行程は二つの異なるフェーズからなる．6気筒の場合，$[t_{s1}, t_{f1}]$ のフェーズで2気筒の吸気バルブ（例えば，$\#j_1$ 気筒と $\#j_2$ 気筒）が開いていれば，続く $[t_{s2}(=t_{f1}), t_{f2}]$ のフェーズでは，一つの吸気バルブ（例えば，$\#j_1$）のみ開いたままで，$\#j_2$ 気筒を含むその他の吸気バルブは閉じている．また，吸気行程中の状態変数は，サージタンク内，および $\#j_1$,

表 4.2 近似解析手法

(1)	**吸排気行程中のサージタンク内とシリンダ内の質量および圧力** サンプル間の定常近似を利用して，気体の状態方程式 (4.1) と保存則 (4.2), (4.3) を満足するように導出する．ただし，2 気筒が同時に吸気（排気）する場合と厳密に区別する．
(2)	**燃焼行程中のシリンダ内質量，圧力およびピストン仕事** 近似冷却損失モデル（累乗の近似）を利用して，気体の状態方程式 (4.1) と保存則 (4.3) を満足するように導出する．式中に現れる点火時期に関する汎関数は最小二乗法で 4 次以下の多項式に近似する．なお，排気弁開時のシリンダ内圧力およびピストン仕事は，（燃焼途中時の状態を用いずに）吸気弁閉時の状態を用いて計算する．また，保存則 (4.2) より燃焼行程中のシリンダ内質量は燃料量を除いて増加しない．
(3)	**エンジン速度** 全ピストンの上下運動とクランクの回転運動とそれらの連結を表現する拘束付きのラグランジュ方程式 (4.4) をもとに，微小変動分は一定としてエンジン速度の二乗について解く．
(4)	**バルブおよびポート温度** 近似冷却損失モデル（累乗の近似）や適当な積分項の近似（変化小の項を積分の外に），保存則 (4.3) を満足するように導出する．式中に現れる点火時期に関する汎関数は最小二乗法で 4 次以下の多項式に近似する．なお，排気弁開時のバルブ温度は，（燃焼途中時の状態を用いずに）吸気弁閉時の状態を用いて計算する．
(5)	**バルブおよびポート付着燃料量** 燃料モデルは式 (4.5) から容易に離散化できる．ベンチマークでは離散化された燃料モデルが提供されている．

$\#j_2$ 気筒の質量と圧力からなる．さらに，サンプル点 k での状態は，$t = t_{s1}$ での状態を，サンプル点 $k+1$ での状態は，$\#j_2$ 気筒については $t = t_{f1}$ での状態，および，サージタンクと $\#j_1$ 気筒については $t = t_{f2}$ での状態を示す．

式 (4.1)〜(4.3) の 1, 2 番目（ここで，$j = j_1, j_2$ に対して $m_{evj} = 0$, $q_{bj} = 0$）より，つぎの式が容易に得られる．

$$\int dM_a = \int m_t dt - \sum_{j \in I_i} \int dM_{cj} \tag{4.6}$$

$$\int \frac{d(P_a V_a)}{\kappa_a - 1} = \int \frac{\kappa_o P_o}{(\kappa_o - 1)\rho_o} m_t dt \\ + \sum_{j \in I_i} \left\{ -\int P_{cj} dV_{cj} - \int \frac{d(P_{cj} V_{cj})}{\kappa_{cj} - 1} + \int q_{wj} dt \right\} \tag{4.7}$$

ここで，$i \in \{1,2\}$ はフェーズで，各フェーズのシリンダは $I_1 = \{j_1, j_2\}$，$I_2 = \{j_1\}$ であり，P_o と ρ_o は外気の圧力と密度，κ_a, κ_{cj}, κ_o はおのおのサージタンク，#j 気筒，外気の比熱比，$C_{v*} = R/(\kappa_* - 1)$, $C_{p*} = \kappa_* R/(\kappa_* - 1)$, $* = a, cj, o$ である．また，物理的考察から，シリンダ内圧力 $P_{cj}(t), j \in I_i$ は吸気バルブが開いた直後に収束するため，$P_{cj}(t) = P_{cj}(t_{fi}), t \in (t_{si}, t_{fi}]$ を仮定する．さらに，式 (4.7) において吸気行程の冷却損失はなく ($q_{wj} = 0$)，比熱比は一定 ($\kappa_o = \kappa_a = \kappa_{cj} = \kappa$)，スロットル流量 m_t において，スロットル開度とサージタンク圧は一定 ($u_t(t) = u_t(t_{s1})$, $P_a(t) = P_a(t_{s1}), t \in [t_{s1}, t_{f2})$) と仮定する．

以上を考慮して，式 (4.6), (4.7) を積分すると

$$M_a(t_{fi}) - M_a(t_{si}) = M_{ti} - \sum_{j \in I_i} \{M_{cj}(t_{fi}) - M_{cj}(t_{si})\} \tag{4.8}$$

$$\begin{aligned}
&P_a(t_{fi})V_a(t_{fi}) - P_a(t_{si})V_a(t_{si}) \\
&= \frac{\kappa P_o}{\rho_o} M_{ti} - (\kappa - 1) \sum_{j \in I_i} \{P_{cj}(t_{fi})(V_{cj}(t_{fi}) - V_{cj}(t_{si}))\} \\
&\quad - \sum_{j \in I_i} (P_{cj}(t_{fi})V_{cj}(t_{fi}) - P_{cj}(t_{si})V_{cj}(t_{si}))
\end{aligned} \tag{4.9}$$

が得られる．ここで

$$\begin{aligned}
M_{ti} &= \int_{t_{si}}^{t_{fi}} m_t dt \\
&= A_t \left\{ 1 - cos(\frac{\pi u_t(t_{s1})}{180}) \right\} \Psi(P_a(t_{s1}))(t_{fi} - t_{si})
\end{aligned} \tag{4.10}$$

A_t は一定，Ψ はノズル内の流量関数である．

式 (4.8), (4.9) より，物理的考察に基づいたつぎの仮定

$$\begin{aligned}
\frac{M_a(t_{f1})}{V_a} &= \frac{M_{cj_1}(t_{f1})}{V_{cj_1}(t_{f1})} = \frac{M_{cj_2}(t_{f1})}{V_{cj_2}(t_{f1})} \\
\frac{M_a(t_{f2})}{V_a} &= \frac{M_{cj_1}(t_{f2})}{V_{cj_1}(t_{f2})} \\
P_a(t_{f1}) &= P_{cj_1}(t_{f1}) = P_{cj_2}(t_{f1}) \\
P_a(t_{f2}) &= P_{cj_1}(t_{f2})
\end{aligned}$$

および，$t_{s2} = t_{f1}$ より導かれる自明な関係

$$M_a(t_{s2}) = M_a(t_{f1}), \quad M_{cj_1}(t_{s2}) = M_{cj_1}(t_{f1})$$
$$P_a(t_{s2}) = P_a(t_{f1}), \quad P_{cj_1}(t_{s2}) = P_{cj_1}(t_{f1})$$

を用いると，サージタンクと吸気行程中のシリンダ内の質量と圧力（後述するエンジン全体の周期離散時間モデル (4.24) の一部）は

$$\begin{aligned} x_{m,in}(k+1) &= A_{m,in}\, x_{m,in}(k) + B_{m,in}\, M_t(k) \\ x_{p,in}(k+1) &= A_{p,in}\, x_{p,in}(k) + B_{p,in}\, M_t(k) \end{aligned} \quad (4.11)$$

で与えられる．ここで，$A_{m,in} \in R^{3\times 3}, B_{m,in} \in R^{3\times 2}, A_{p,in} \in R^{3\times 3}, B_{p,in} \in R^{3\times 2}$ は定数行列

$$x_{m,in}(k+1) = \begin{bmatrix} M_a(k+1) \\ M_{cj_1}(k+1) \\ M_{cj_2}(k+1) \end{bmatrix} = \begin{bmatrix} M_a(t_{f2}) \\ M_{cj_1}(t_{f2}) \\ M_{cj_2}(t_{f1}) \end{bmatrix}$$

$$x_{m,in}(k) = \begin{bmatrix} M_a(k) \\ M_{cj_1}(k) \\ M_{cj_2}(k) \end{bmatrix} = \begin{bmatrix} M_a(t_{s1}) \\ M_{cj_1}(t_{s1}) \\ M_{cj_2}(t_{s1}) \end{bmatrix}$$

$$x_{p,in}(k+1) = \begin{bmatrix} P_a(k+1) \\ P_{cj_1}(k+1) \\ P_{cj_2}(k+1) \end{bmatrix} = \begin{bmatrix} P_a(t_{f2}) \\ P_{cj_1}(t_{f2}) \\ P_{cj_2}(t_{f1}) \end{bmatrix}$$

$$x_{p,in}(k) = \begin{bmatrix} P_a(k) \\ P_{cj_1}(k) \\ P_{cj_2}(k) \end{bmatrix} = \begin{bmatrix} P_a(t_{s1}) \\ P_{cj_1}(t_{s1}) \\ P_{cj_2}(t_{s1}) \end{bmatrix}$$

$$M_t(k) = \begin{bmatrix} M_{t2}(P_a(k), \Omega(k), u_t(k)) \\ M_{t1}(P_a(k), \Omega(k), u_t(k)) \end{bmatrix}$$

$$u_t(k) = u_t(t_{s1})$$

なお，排気行程中の計算も同様である．ただし，今回のベンチマーク問題では排気系は大気で近似するため，排気行程中のシリンダ内も大気で近似する．

(2) 燃焼行程中のシリンダ内質量，圧力およびピストン仕事　詳細な説明は省略するが，結果として，式 (4.1)〜(4.3) の各 2 番目より，燃焼行程終了時のシリンダ内質量と圧力，および，燃焼行程中のピストン仕事はつぎのように表現できる．つまり，サンプル点 k で燃焼途中 (mC) となる $\#j_{mC}(k)$ 気筒に対して

$$M_{cj}(k+1) = M_{cj}(k-1) \tag{4.12}$$

$$P_{cj}(k+1) = a_{p1}P_{cj}(k-1) + a_{p2}M_{cj}(k-1)T_{pi}(k)$$
$$+ g_p(\hat{u}_s(k))\hat{F}_c(k)H_f(\hat{\alpha}_c(k)) \tag{4.13}$$

$$W_{cmb,j}(k) = \int_{t_{eI}}^{t_{eC}} P_{cj}dV_{cj}$$
$$= a_{w1}P_{cj}(k-1) + a_{w2}M_{cj}(k-1)T_{pi}(k)$$
$$+ g_w(\hat{u}_s(k))\hat{F}_c(k)H_f(\hat{\alpha}_c(k)) \tag{4.14}$$

ここで，サンプル点 $k+1$，k，$k-1$ はおのおの，燃焼終了時，燃焼途中時，吸気終了時のタイミング t_{eC}，t_{mC}，t_{eI} に対応する．また，a_{p1}，a_{p2}，a_{w1}，a_{w2} は定数，$\hat{u}_s(k)$，$\hat{F}_c(k)$，$\hat{\alpha}_c(k)$ はおのおの，$\#j_{mC}(k)$ 気筒の点火時期，シリンダ内燃料量，空燃比である．g_p，g_w は点火時期の関数，H_f は空燃比の関数で表現される低位発熱量である．なお，$P_{cj}(k)$ は $P_{cj}(k+1)$ の計算に利用しないため，便宜上

$$P_{cj}(k) = P_{cj}(k-1) \tag{4.15}$$

とする．また，燃料量の増加分を除くと

$$M_{cj}(k) = M_{cj}(k-1) \tag{4.16}$$

は自明である．

(3) エンジン速度　式 (4.4) より，エンジン速度の 2 乗である $\Omega(=\omega^2)$ は

$$\Omega(k+1) = \Omega(k) + a_\Omega\left(W(k) - \frac{2\pi}{3}\tau_f(k)\right) \tag{4.17}$$

で与えられる．ここで，6気筒エンジンにおけるピストン仕事は

$$W(k) = W_{cmb,j_{mC}(k)}(k)$$
$$+ a_{eC}P_{cj_{eC}(k)}(k) + a_{mE}P_{cj_{mE}(k)}(k)$$
$$+ a_{eE}P_{cj_{eE}(k)}(k) + a_{mI}P_{cj_{mI}(k)}(k),$$

$j_{mC}(k), j_{eC}(k), j_{mE}(k), j_{eE}(k), j_{mI}(k)$ は，サンプル点 k で吸気途中 (mI)，排気終了 (eE)，排気途中 (mE)，燃焼終了 (eC)，燃焼途中 (mC) となる気筒番号を示す．また，$a_\Omega, a_{mI}, a_{eE}, a_{mE}, a_{eC}$ は定数，τ_f はフリクションである．

(4) バルブおよびポート温度　式 (4.3) の3番目より，6気筒の各バルブ温度は

1) $\#j \in \{j_{eC}(k), j_{mE}(k), j_{eE}(k), j_{mI}(k)\}$ 気筒に対して

$$T_{vj}(k+1) = e^{\frac{a_{tv1}}{\sqrt{\Omega(k)}}} T_{vj}(k) + \left(1 - e^{\frac{a_{tv1}}{\sqrt{\Omega(k)}}}\right)$$
$$\times \left\{ (a_{tv2}\sqrt{\Omega(k)}\left(P_{cj}(k) - \frac{M_{cj}(k)RT_{pi}(k)}{V_{cj}(k)}\right) + T_o \right\}$$
(4.18)

2) $\#j \in \{j_{mC}(k)\}$ 気筒に対して

$$T_{vj}(k+1) = e^{\frac{a_{tv3}}{\sqrt{\Omega(k)}}} T_{vj}(k-1) + \left(1 - e^{\frac{a_{tv3}}{\sqrt{\Omega(k)}}}\right) T_o$$
$$+ a_{tv4}\left(X_{cmb,j}(k) - a_{vinv}M_{cj}(k-1)RT_{pi}(k)\right)$$
(4.19)

で与えられる．ここで

$$X_{cmb,j}(k) = a_{x1}P_{cj}(k-1) + a_{x2}M_{cj}(k-1)T_{pi}(k)$$
$$+ g_x(\hat{u}_s(k))\hat{F}_c(k)H_f(\hat{\alpha}_c(k))$$

4.2 周期離散時間モデルの導出　75

$a_{tv1}, a_{tv2}, a_{tv3}, a_{tv4}, a_{vinv}, a_{x1}, a_{x2}$ は定数，g_x は点火時期の関数である．なお，式 (4.13)，(4.14) と同様，便宜上，式 (4.15) を利用し，式 (4.16) は自明である．また，式 (4.15) の P_{cj} と同じ理由から

$$T_{vj}(k) = T_{vj}(k-1) \tag{4.20}$$

つぎに，式 (4.3) の 4 番目より，6 気筒の左右バンクの温度は，$J_1 = \{1,3,5\}$, $J_2 = \{2,4,6\}$ に注意して

1) $J_i = \{j_{eC}(k), j_{eE}(k), j_{eI}(k)\}$ を満たす #i バンク

$$\begin{aligned}T_{pi}(k+1) &= e^{\frac{a_{tp1}}{\sqrt{\Omega(k)}}} T_{pi}(k) + \left(1 - e^{\frac{a_{tp1}}{\sqrt{\Omega(k)}}}\right) \\ &\quad \times \left\{ a_{tp2}\sqrt{\Omega(k)} \sum_{j \in \{j_{eC}(k), j_{eE}(k)\}} \left(P_{cj}(k) - \frac{M_{cj}(k)RT_{pi}(k)}{V_{cj}(k)}\right) + T_o \right\}\end{aligned} \tag{4.21}$$

2) $J_i = \{j_{mC}(k), j_{mE}(k), j_{mI}(k)\}$ を満たす #i バンク

$$\begin{aligned}T_{pi}(k+1) &= e^{\frac{a_{tp1}}{\sqrt{\Omega(k)}}} T_{pi}(k) + \left(1 - e^{\frac{a_{tp1}}{\sqrt{\Omega(k)}}}\right) \\ &\quad \times \left\{ a_{tp2}\sqrt{\Omega(k)} \sum_{j \in \{j_{mE}(k), j_{mI}(k)\}} \left(P_{cj}(k) - \frac{M_{cj}(k)RT_{pi}(k)}{V_{cj}(k)}\right) + T_o \right\} \\ &\quad + e^{-\frac{a_{tp1}}{\sqrt{\Omega(k)}}} a_{tp3} \left\{ X_{cmb, j_{mC}(k)}(k) \right. \\ &\quad \left. - a_{vinv} M_{cj_{mC}(k)}(k-1) RT_{pi}(k) \right\}\end{aligned} \tag{4.22}$$

で与えられる．ここで，$j_{eI}(k)$ はサンプル点 k で吸気終了 (eI) となる気筒番号，$a_{tp1}, a_{tp2}, a_{tp3}$ は定数である．また，式 (4.16) と $M_{cj_{mC}(k)}(k) = M_{cj_{mC}(k)}(k-1)$ は同じ式である．

(5) バルブおよびポート付着燃料量　　サンプル点 k で排気終了 (eE) である $\#j_{eE}(k)$ 気筒に対して

$$\begin{aligned}
F_{wvj}(k+1) &= p_v(k)F_{wvj}(k) + r_v(k)\hat{u}_f(k) \\
F_{wpj}(k+1) &= p_p(k)F_{wpj}(k) + r_p(k)\hat{u}_f(k) \\
\hat{F}_c(k) &= (1 - r_v(k) - r_p(k))\hat{u}_f(k) \\
&\quad + (1 - p_v(k))F_{wvj}(k) + (1 - p_p(k))F_{wpj}(k)
\end{aligned} \tag{4.23}$$

ここで, $\hat{u}_f(k)$ は $\#j_{eE}(k)$ 気筒の燃料噴射量, $\hat{F}_c(k)$ は $\#j_{eE}(k)$ 気筒へ流入する燃料量である。また, p_v, r_v, p_p, r_p は燃料パラメータ X, Y とサンプリング時間から容易に計算できる。

式 (4.11) 〜 (4.13), (4.15) 〜 (4.23) を統合すると, 以下の周期離散時間モデルが得られる。

$$\begin{aligned}
x_{k+1} &= f_k(x_k, u_k) \\
y_k &= h(x_k)
\end{aligned} \tag{4.24}$$

ただし, $f_k(\cdot,\cdot) = f_{k+N}(\cdot,\cdot)$ $k \in Z$, $N = 6$

$$x = [x_s^T, F_{wv}^T, F_{wp}^T, z^T]^T \in R^{42}$$
$$u = [u_t, u_s^T, u_f^T]^T \in R^{13}$$
$$y = [\Omega, m_t]^T \in R^2$$

また, $u_t \in R$ はスロットル開度, $u_s \in R^6$ は 6 気筒分の点火時期, $u_f \in R^6$ は 6 気筒分の燃料噴射量であり

$$x_s = [M_a, P_a, \Omega, M_c^T, P_c^T, T_v^T, T_p^T]^T \in R^{23}$$

は燃料モデルを除いた状態変数, $M_a, P_a \in R$ はサージタンク内質量と圧力, $M_c, P_c \in R^6$ は全 6 気筒の各質量と各圧力, $T_v \in R^6, T_p \in R^2$ は全 6 気筒の各

バルブ温度と左右バンクのポート温度，$F_{wv}, F_{wp} \in R^6$ は全6気筒のバルブ付着燃料量とポート付着燃料量，$z = [z_s{}^T \ z_f{}^T]^T \in R^7$，$z_s = [u_t \ \hat{u}_s \ \hat{F}_c]^T \in R^3$，$z_f \in R^4$ は入力の遅れ，$\hat{u}_s, \hat{F}_c \in R$ はおのおの燃焼途中 (mC) である気筒の点火時期，シリンダ内燃料量である．

図 4.3 に周期離散時間モデル (4.24) の全体を示す．排気バルブが開くタイミングで燃料噴射量を指令してからトルク生成までに1サイクル (6サンプル) を要するため，燃料モデルの総入力遅れは5サンプルである．スロットルと点火時期はどちらも指令してから1サンプルだけ遅れる．なお，トルクや熱効率，燃料消費率も状態変数 x と入力 u を用いて表現可能である．

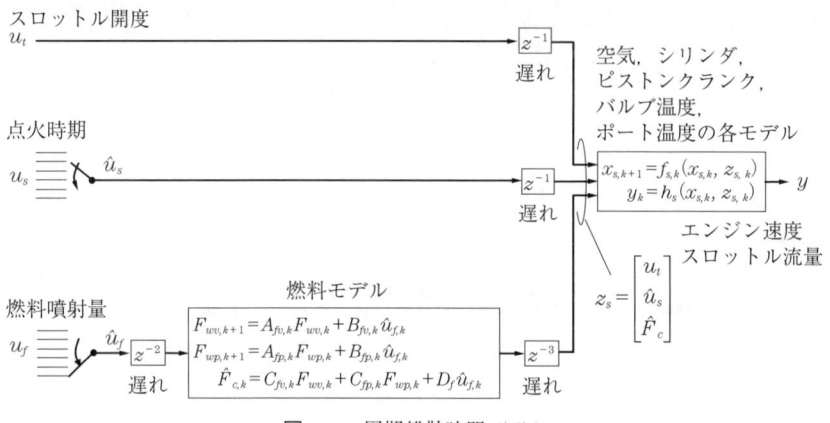

図 4.3 周期離散時間モデル

図 4.4 は，周期離散時間モデル (4.24) とベンチマークモデル (4.1)〜(4.5) を比較した結果である．クランク角ベースの周期離散時間モデルは十分によい精度で連続時間のベンチマークモデルの挙動を予測可能である．なお，誤差は近似冷却損失モデルに起因する．また，周期離散時間モデルの計算負荷はベンチマークモデルの100分の1 (実時間) 以下である．

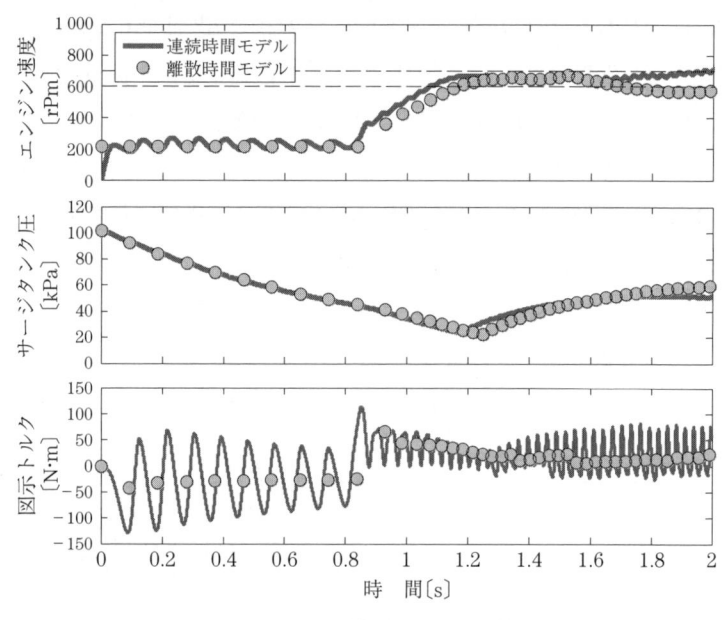

図 4.4 周期離散時間モデルの検証

4.3 時不変離散時間モデルへの等価変換

表 4.3 に気筒番号とサンプル点および 1 サイクル中の行程の関係を示す．表 (a) と (b) は状態変数の選び方のみ異なり内容は同じである．気筒ごとに定義される状態（式 (4.24)，例えばシリンダ内圧力）に対して，表 (a) の x_{cj}（ハットなし）は j 番気筒の状態を示す．状態変数 x_{cj} におけるサンプル点 k から $k+1$ までの行程は，$k+1$ から $k+2$ までの行程と異なるため，k から $k+1$ までの状態遷移写像は，$k+1$ から $k+2$ までの写像と異なる．つまり，状態変数を用いると周期系 (4.24) である．一方，表 (b) の $\hat{x}_{cj}$（ハット付き）は新しく導入した役割変数という概念であり，1 サイクル 3 行程の終了時 (eI, eC, eE) とその途中時 (mI, mC, mE) に状態 j を定義する．役割変数 $\hat{x}_{cj}$ はいつも同じ行程の状態を表現するため，k から $k+1$ までの状態遷移写像は，$k+1$ から

4.3 時不変離散時間モデルへの等価変換

表 **4.3** 状態変数と役割変数の関係

\# は気筒番号，mI は吸気行程の途中時，mC は燃焼行程の途中時，mE は排気行程の途中時，eI は吸気行程の終了時，eC は燃焼行程の終了時，eE は排気行程の終了時を示す．

(a) 状態変数

状態変数＼サンプル点	0	1	2	3	4	5	6	7	⋯
x_{c1} at \#1	mC	eC	mE	eE	mI	eI	mC	eC	⋯
x_{c2} at \#2	eI	mC	eC	mE	eE	mI	eI	mC	⋯
x_{c3} at \#3	mI	eI	mC	eC	mE	eE	mI	eI	⋯
x_{c4} at \#4	eE	mI	eI	mC	eC	mE	eE	mI	⋯
x_{c5} at \#5	mE	eE	mI	eI	mC	eC	mE	eE	⋯
x_{c6} at \#6	eC	mE	eE	mI	eI	mC	eC	mE	⋯

(b) 役割変数

役割変数＼サンプル点	0	1	2	3	4	5	6	7	⋯
$\hat{x}_{c1}$ at mC	\#1	\#2	\#3	\#4	\#5	\#6	\#1	\#2	⋯
$\hat{x}_{c2}$ at eI	\#2	\#3	\#4	\#5	\#6	\#1	\#2	\#3	⋯
$\hat{x}_{c3}$ at mI	\#3	\#4	\#5	\#6	\#1	\#2	\#3	\#4	⋯
$\hat{x}_{c4}$ at eE	\#4	\#5	\#6	\#1	\#2	\#3	\#4	\#5	⋯
$\hat{x}_{c5}$ at mE	\#5	\#6	\#1	\#2	\#3	\#4	\#5	\#6	⋯
$\hat{x}_{c6}$ at eC	\#6	\#1	\#2	\#3	\#4	\#5	\#6	\#1	⋯

$k+2$ までの写像と同じである．つまり，役割変数を用いると時不変系 (4.27) に変換できる．具体的には，役割変数は置換行列 T_c を用いてつぎのように定義される．

$$\hat{x}_{c,k} = T_c^{\mathrm{mod}(k/N)} x_{c,k}, \quad T_c = \begin{bmatrix} 0_{5\times 1} & I_5 \\ 1 & 0_{1\times 5} \end{bmatrix} \quad (4.25)$$

ここで，$\mathrm{mod}(k/N)$ は k を N で割った剰余を意味する．なお，ポート温度は左右バンクごとに定義されるため，1サイクル3工程の終了時とその途中時の2状態に対して役割変数を定義すればよい．また，サージタンク内質量と圧力，エンジン速度の2乗に関しては通常の状態変数と同じである．さらに，この役

割変数を用いると各サンプルでの入力が3個（スロットル開度およびある気筒の点火時期と燃料噴射量）であることが明らかになり，これを役割入力と定義する．ただし，スロットル開度の役割入力のみ通常の入力と同じである．

この置換行列 T_c を用いれば，周期離散時間モデル (4.24) の状態変数 x_k と入力 u_k に対して，役割変数 $\hat{x}_k$ と役割入力 $\hat{u}_k$ は

$$\begin{aligned}\hat{x}_k &= P^{\mathrm{mod}(k/N)} x_k \\ \hat{u}_k &= Q_u Q^{\mathrm{mod}(k/N)} u_k\end{aligned} \tag{4.26}$$

で与えられる．ここで

$$\begin{aligned}P &= \mathrm{diag}(I_3, T_c, T_c, T_c, T_{tp}, T_c, T_c, I_7), \\ Q &= \mathrm{diag}(1, T_c, T_c), \quad Q_u = \mathrm{diag}(1, q_s^T, q_f^T), \\ T_{tp} &= \begin{bmatrix} 0 & 1 \\ 1 & 0 \end{bmatrix}, \quad q_s = [0\,1\,0\,0\,0\,0]^T, \quad q_f = [0\,0\,0\,0\,0\,1]^T\end{aligned}$$

このとき，周期離散時間モデル (4.24) をつぎのような時不変離散時間モデルに変換することができる．

$$\begin{aligned}\hat{x}_{k+1} &= f(\hat{x}_k, \hat{u}_k) \\ y_k &= h(\hat{x}_k)\end{aligned} \tag{4.27}$$

ただし

$$\hat{x} = [\hat{x}_s^T, \hat{F}_{wv}^T, \hat{F}_{wp}^T, z^T]^T \in R^{42}$$
$$\hat{u} = [u_t, \hat{u}_s^T, \hat{u}_f^T]^T \in R^3$$

出力は $y = [\Omega, m_t]^T$ であるため式 (4.24) のままである．また

$$\hat{x}_s = [M_a, P_a, \Omega, \hat{M}_c^T, \hat{P}_c^T, \hat{T}_v^T, \hat{T}_p^T]^T \in R^{23}$$

は，燃料モデルを除いた役割変数である．図 **4.5** に時不変離散時間モデル (4.27) の全体を示す．なお，今回は6気筒の場合で示したが，気筒数が異なる場合も同様の議論ができる．つまり，サンプル点は1サイクル 720 deg を気筒数で分

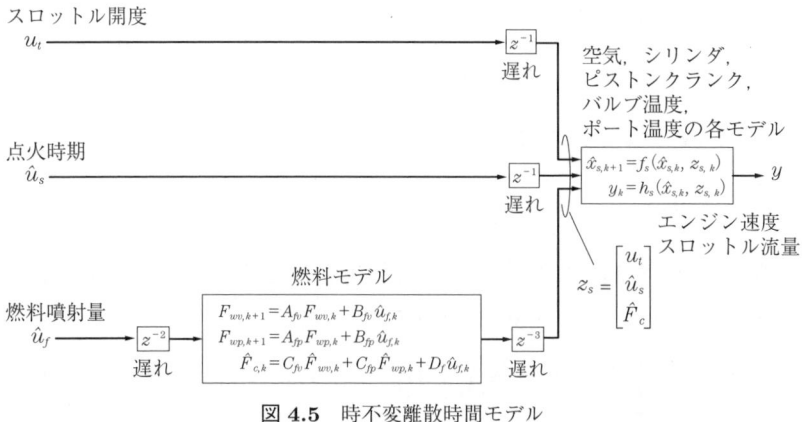

4.4 Floquet 定理に基づく制御系設計

図 4.5 時不変離散時間モデル

割したクランク角ごとに定義し，分割された 1 サイクルの行程の状態を役割変数と定義すればよい．

最後に，周期離散時間モデル (4.24) と時不変離散時間モデル (4.27) を定常状態周りで線形化した以下のモデルを用いて安定性を確認する．

$$\Delta x_{k+1} = A_k \Delta x_k + B_k \Delta u_k \tag{4.28}$$

$$\Delta \hat{x}_{k+1} = A \Delta \hat{x}_k + B \Delta \hat{u}_k \tag{4.29}$$

ここで，$\Delta u_k, \Delta \hat{u}_k$ は入力の定常からの偏差，$\Delta x_k, \Delta \hat{x}_k$ は状態の定常からの偏差を示す．時不変離散時間モデル (4.29) が可安定ならば，周期離散時間モデル (4.28) は可安定である．実際，時不変離散時間モデル (4.29) が可安定ならば，$A + BF$ を安定行列にするゲイン F が存在する．この F を用いて $F_k \equiv Q^{-\text{mod}(k/N)} Q_u{}^T F P^{\text{mod}(k/N)}$ とすれば，周期離散時間モデル (4.28) は可安定となる（可検出性も同様）．このことから，周期離散時間モデルの安定化問題は，時不変離散時間モデルの安定化問題に帰着できる．

4.4 Floquet 定理に基づく制御系設計

4.3 節で導入した役割変数とは，周期 N の離散時間周期系

$$x_{k+1} = f_k(x_k, u_k), \quad y_k = g_k(x_k, u_k) \tag{4.30}$$

$$\text{ただし,} \ f_k(\cdot,\cdot) = f_{K+N}(\cdot,\cdot), \ g_k(\cdot,\cdot) = g_{K+N}(\cdot,\cdot)$$

に対して，N 周期の正則写像[†1] p_k, q_k, r_k を用いて

$$\hat{x}_k = p_k(x_k), \quad \hat{u}_k = q_k(u_k), \quad \hat{y}_k = r_k(y_k) \tag{4.31}$$

のように新たに定義された状態 $\hat{x}_k$，入力 $\hat{u}_k$，出力 $\hat{y}_k$ のことであり，周期系 (4.30) を次式のように時不変系に変換するものである．

$$\begin{aligned}\hat{x}_{k+1} &= p_{k+1} f_k(p_k^{-1}(\hat{x}_k), q^{-1}(\hat{u}_k)) = f(\hat{x}_k, \hat{u}_k) \\ \hat{y}_k &= r_k(p_k^{-1}(\hat{x}_k), q^{-1}(\hat{u}_k))) = g(\hat{x}_k, \hat{u}_k)\end{aligned} \tag{4.32}$$

自動車エンジンのモデリングにおいては，エンジン特有の物理現象の考察から，このような性質を持つ役割変数を見出すことは比較的容易である．しかし，一般的な離散時間周期系 (4.30) に対しては，役割変数が存在するかどうかを見極めることすら困難である．

上記の役割変数から思い起こされるのは，線形同次システム[†2]の連続時間周期系でよく知られた Floquet の定理[22),23)] である．Floquet の定理によれば，周期 T の連続時間周期系 $\dot{x}(t) = A(t)x(t)$ には必ず，周期 T の正則行列 $P(t)$（ただし，$\dot{P}(t)$ は有界）が存在して，$\hat{x}(t) = P(t)x(t)$ による状態の等価変換によって，もとの周期系は時不変系 $\dot{\hat{x}}(t) = \hat{A}\hat{x}(t)$ に変換される．

この節では，離散時間周期線形系の時不変系への等価変換について，詳細かつ理論的に考察する．

4.4.1 問題の定式化

周期 $N(\geq 2)$ の離散時間周期系

$$x_{k+1} = A_k x_k + B_k u_k, \quad y_k = C_k x_k \tag{4.33}$$

[†1] 逆写像が存在する写像．
[†2] 入出力を持たない形であり，入出力を持つ場合は非同次システムと呼んで区別する．

ただし，$A_k = A_{\mathrm{mod}(k,N)}$, $B_k = B_{\mathrm{mod}(k,N)}$, $C_k = C_{\mathrm{mod}(k,N)}$ (4.34)

を考える．ここで，$x_k \in \mathbf{R}^n$ は状態，$u_k \in \mathbf{R}^m$ は入力，$y_k \in \mathbf{R}^p$ は出力であり，係数行列 A_k, B_k, C_k は適当な大きさの実行列である．また，$\mathrm{mod}(k/N)$ は k を N で割った剰余を意味する．

もし適当な大きさの行列 A, B, C と正則行列 $P_k = P_{\mathrm{mod}(k/N)}$, $Q_k = Q_{\mathrm{mod}(k/N)}$, $R_k = R_{\mathrm{mod}(k/N)}$ が存在して

$$P_{k+1} A_k = A P_k \tag{4.35}$$

$$P_{k+1} B_k = B Q_k, \quad R_k C_k = C P_k \tag{4.36}$$

を満たすならば，状態，入力，出力の等価変換

$$\hat{x}_k = P_k x_k, \quad \hat{u}_k = Q_k u_k, \quad \hat{y}_k = R_k y_k \tag{4.37}$$

によって，周期系 (4.33) は時不変系

$$\hat{x}_{k+1} = A \hat{x}_k + B \hat{u}_k, \quad \hat{y}_k = C \hat{x}_k \tag{4.38}$$

に変換される．

式 (4.35) を満たす A と正則な P_k を Floquet 変換と呼び，$\mathcal{AP} := \{A, P_k = P_{\mathrm{mod}(k/N)} \mid k \in \mathbf{Z}\}$ と記すことにする．

4.4.2 Floquet 変換

連続時間周期系と異なり，離散時間周期系には必ずしも Floquet 変換が存在するとは限らない．数値例を見てみよう．

例 4.1 A_k が次式で与えられる周期 $N = 2$ の離散時間周期系を考える．

$$A_0 = \begin{bmatrix} 0 & 1 \\ 0 & 0 \end{bmatrix}, \quad A_1 = \begin{bmatrix} 1 & 0 \\ 0 & 0 \end{bmatrix}, \quad A_k = A_{\mathrm{mod}(k/2)}$$

このとき，Floquet 変換は存在しない．実際，もし存在したとすれば

$$P_1 A_0 = A P_0, \quad P_2 A_1 = A P_1, \quad P_2 = P_0$$

より $P_0 A_1 A_0 = A^2 P_0$, よって $A_1 A_0 = (P_0^{-1} A P_0)^2$ となり, $A_1 A_0$ が平方根行列 $P_0^{-1} A P_0$ を持つことになるが

$$A_1 A_0 = \begin{bmatrix} 0 & 1 \\ 0 & 0 \end{bmatrix}$$

は平方根行列を持たないことは容易に確認できる.

離散時間周期系 (4.33) のモノドロミ行列 Φ は

$$\Phi := A_{N-1} A_{N-2} \cdots A_1 A_0 \tag{4.39}$$

と定義される.このとき,Floquet 変換が存在するための必要十分条件はつぎの定理として知られている[24),25)].

定理 4.1 状態の次元 n, 周期 N の離散時間周期系 (4.33) が Floquet 変換 $\mathcal{AP} := \{A, P_k = P_{\mathrm{mod}(k/N)} \mid k \in \mathbf{Z}\}$ を持つための必要十分条件は次式のランク条件を満たすことである.

$$\begin{aligned} \mathrm{rank} A_{k-1} A_{k-2} \cdots A_{h+1} A_h &= \mathrm{rank} A^{k-h} \\ \text{ただし},\ 0 \leqq h \leqq N-1, &\quad 1 \leqq k-h \leqq n \end{aligned} \tag{4.40}$$

ここで,A はモノドロミ行列 Φ の N 乗根行列に相似な任意の行列である.

例 4.1 に定理を適用してみると

$$\mathrm{rank} A_0 = \mathrm{rank} A_0 = 1, \quad \mathrm{rank} A_1 A_0 = 1 \neq 0 = \mathrm{rank} A_2 A_1$$

であり,定理からも Floquet 変換が存在しないことがわかる.

4.4 Floquet 定理に基づく制御系設計

例 4.2 A_k が次式で与えられる周期 $N = 3$ の離散時間周期系を考える．

$$A_0 = \begin{bmatrix} 0 & 0 & 0 & 0 & 0 \\ 0 & 1 & 0 & 0 & 0 \\ 0 & 0 & 0 & 0 & 2 \\ 0 & 0 & 0 & 1 & 0 \\ 0 & 0 & 0 & 0 & 0 \end{bmatrix}, \quad A_1 = \begin{bmatrix} 0 & 0 & 1 & 0 & 0 \\ 0 & 0 & 0 & 0 & 0 \\ 1 & 0 & 0 & 0 & 0 \\ 0 & 1 & 0 & 0 & 0 \\ 0 & 0 & 0 & 0 & 0 \end{bmatrix},$$

$$A_2 = \begin{bmatrix} 0 & 0 & 0 & 0 & 0 \\ 0 & 0 & 0 & 0 & 0 \\ 0 & 0 & 1 & 0 & 0 \\ 0 & 1 & 0 & 0 & 0 \\ 4 & 0 & 0 & 0 & 0 \end{bmatrix}$$

モノドロミ行列 Φ は $\Phi = A_2 A_1 A_0 = \text{Block diag}(0_{4\times 4}, 8)$ であり，その立方根行列[26]〜[28] は $A = \text{Block diag}(2, N_A)$ に相似である．ここで，4×4 の大きさの行列 N_A は大きさが 3 以下のジョルダンブロックからなる任意のべき零行列である．

このとき，立方根行列 A として $A = \text{Block diag}(2, J_3(0), 0)$，ただし $J_3(0)$ は 3×3 のべき零ジョルダンブロックを選べば，定理のランク条件 (4.40) は満たされ，Floquet 変換 $\mathcal{AP} := \{A, P_k = P_{\text{mod}(k/N)} \mid k \in \mathbf{Z}\}$ が存在することがわかる．実際，文献 24) の方法に基づいて Floquet 変換を求めると

$$P_0 = \begin{bmatrix} 0 & 0 & 0 & 0 & 1 \\ \alpha_0 & \beta_0 & a_0 & \gamma_0 & 0 \\ 0 & \beta_1 & 0 & a_1 & 0 \\ 0 & a_2 & 0 & 0 & 0 \\ b_0 & \delta_0 & 0 & 0 & 0 \end{bmatrix}, \quad P_1 = \begin{bmatrix} 0 & 0 & 1 & 0 & 0 \\ \alpha_1 & \beta_1 & 0 & a_1 & \gamma_1 \\ \beta_2 & a_2 & 0 & 0 & 0 \\ a_0 & 0 & 0 & 0 & 0 \\ \delta_1 & 0 & 0 & 0 & b_1 \end{bmatrix},$$

$$P_2 = \begin{bmatrix} 2 & 0 & 0 & 0 & 0 \\ 0 & \alpha_2 & \beta_2 & a_2 & \gamma_2 \\ 0 & \gamma_0 & a_0 & 0 & 0 \\ 0 & a_1 & 0 & 0 & 0 \\ 0 & \delta_2 & 0 & 0 & b_2 \end{bmatrix}$$

となる。ここで，$a_i, b_i (i = 0, 1, 2)$ は非零パラメータ，α_i, β_i は任意パラメータである。

実際，エンジンの周期離散時間モデル (4.28) の A_k は定理 4.1 の式 (4.40) を満足し，式 (4.26) の $P^{\mathrm{mod}(k/N)}$ より Floquet 変換 $\mathcal{AP} := \{A, P^{\mathrm{mod}(k/N)} \mid k \in \mathbb{Z}\}$ が存在する。

4.4.3 非同次系の時不変系へ等価変換

離散時間周期系 (4.33) が Floquet 変換 $\mathcal{AP} := \{A, P_k = P_{\mathrm{mod}(k/N)} \mid k \in \mathbb{Z}\}$ を持つとき，その P_k に対して式 (4.36) を満たす B, C と正則な $Q_k = Q_{\mathrm{mod}(k/N)}$, $R_k = R_{\mathrm{mod}(k/N)}$ が存在するための必要十分条件は

$$\mathrm{Im} P_{k+1} B_k = \mathrm{Im} P_k B_{k-1}, \quad \mathrm{Ker} C_k P_k^{-1} = \mathrm{Ker} C_{k-1} P_{k-1}^{-1} \tag{4.41}$$

を満たすことである。

例 4.3 次式の A_k, B_k, C_k で与えられる周期 $N = 3$ の離散時間周期系 (4.33) を考える。

$$A_0 = \begin{bmatrix} 0 & 2 \\ 0 & 0 \end{bmatrix}, \quad A_1 = \begin{bmatrix} 0.8 & 0 \\ 0 & 0 \end{bmatrix}, \quad A_2 = \begin{bmatrix} 0 & 0 \\ 5 & 0 \end{bmatrix}$$

$$B_0 = \begin{bmatrix} 2 \\ 1 \end{bmatrix}, \quad B_1 = \begin{bmatrix} 1.2 \\ 1 \end{bmatrix}, \quad B_2 = \begin{bmatrix} 1 \\ 1 \end{bmatrix}$$

$$C_0 = \begin{bmatrix} 1 & 2 \end{bmatrix}, \quad C_1 = \begin{bmatrix} 1 & 1 \end{bmatrix}, \quad C_2 = \begin{bmatrix} 5 & 3 \end{bmatrix}$$

Floquet 変換 $\mathcal{AP} = \{A, P_k = P_{\mathrm{mod}(k/3)} \mid k \in \mathbf{Z}\}$, ただし

$$P_0 = \begin{bmatrix} 0 & 1 \\ 1 & 0 \end{bmatrix}, \quad P_1 = \begin{bmatrix} 1 & 0 \\ 0 & 1 \end{bmatrix}, \quad P_2 = \begin{bmatrix} 2.5 & 0 \\ 0 & 1 \end{bmatrix}$$

に対して式 (4.41) は成り立たないが,Floquet 変換 $\mathcal{AP}' = \{A, P'_k = P'_{\mathrm{mod}(k/3)} \mid k \in \mathbf{Z}\}$, ただし

$$P'_0 = \begin{bmatrix} 0 & 1 \\ 1 & 0 \end{bmatrix}, \quad P'_1 = \begin{bmatrix} 1 & 0 \\ 0 & 2 \end{bmatrix}, \quad P'_2 = \begin{bmatrix} 2.5 & 0 \\ 0 & 3 \end{bmatrix}$$

に対しては,式 (4.41) が成り立ち,結局,$Q_0 = 0.5$, $Q_1 = 1/3$, $Q_2 = 1$, $Q_k = Q_{\mathrm{mod}(k/3)}$ および $R_0 = 1$, $R_1 = 2$, $R_2 = 1$, $R_k = R_{\mathrm{mod}(k/3)}$ と定めることによって,周期系は時不変系 (A, B, C)

$$A = \begin{bmatrix} 2 & 0 \\ 0 & 0 \end{bmatrix}, \quad B = \begin{bmatrix} 1 \\ 1 \end{bmatrix}, \quad C = \begin{bmatrix} 2 & 1 \end{bmatrix}$$

に変換されることがわかる。

この例からもわかるように,離散時間周期系 (4.33) が Floquet 変換を持つ場合,Floquet 変換は複数存在し,しかも,ある Floquet 変換では 式 (4.41) が成り立たないが,別の Floquet 変換では 式 (4.41) が成り立つ,といったことが起こり得るので,離散時間周期系が時不変系に変換可能であるかどうかの判定は容易でない。このあたりの詳細な説明は文献 27), 29) を参照されたい。

4.5 制 御 設 計 例

4.1 節で示した制御仕様に対して,時不変離散時間モデル (4.27) を用いて,以下のプロセスで設計する。

ステップ 1: 時不変離散時間モデル (4.27) から燃料モデル,バルブ温度モデル,ポート温度モデル,および入力の遅れを除いた 15 個の式より,定

常にて成立する非線形代数方程式 $\hat{x} = f(\hat{x}, \hat{u})$ を導出し，エンジン速度が 650 rpm となる定常状態および定常入力を数値的に計算した．具体的には，表 4.3(b) に注意して，つぎの非線形代数方程式が得られる．

$$\begin{bmatrix} M_a \\ \hat{M}_{c3} \\ \hat{M}_{c2} \end{bmatrix} = A_{m,in} \begin{bmatrix} M_a \\ \hat{M}_{c4} \\ \hat{M}_{c3} \end{bmatrix} + B_{m,in} M_t,$$

$$\begin{bmatrix} P_a \\ \hat{P}_{c3} \\ \hat{P}_{c2} \end{bmatrix} = A_{p,in} \begin{bmatrix} P_a \\ \hat{P}_{c4} \\ \hat{P}_{c3} \end{bmatrix} + B_{p,in} M_t,$$

$$\hat{M}_{c6} = \hat{M}_{c2}, \quad \hat{P}_{c6} = a_{p1}\hat{P}_{c2} + a_{p2}\hat{M}_{c2}T_p + g_p(\hat{u}_s)\hat{F}_c H_f(\hat{\alpha}_c),$$

$$\hat{P}_{c1} = \hat{P}_{c2}, \quad \hat{M}_{c1} = \hat{M}_{c2}, \quad W = \frac{2\pi}{3}\tau_f,$$

$$\frac{\hat{M}_{c4}}{V_{c,eE}} = \frac{\hat{M}_{c5}}{V_{c,mE}} = \rho_o, \quad \hat{P}_{c4} = \hat{P}_{c5} = P_o$$

- ステップ 2： 始動直後 1.5 秒間において，いくつかの制約条件（エンジン速度，入力，失火，および失速）を満たし，かつ，エンジン速度誤差の 2 乗和を最小にするフィードフォワード制御入力を式 (4.27) を用いて探索する．

- ステップ 3： ステップ 1 で得られる定常状態および定常入力周りで，式 (4.27) を線形化し，線形時不変離散時間モデル (4.29) を得る．この線形モデルを用いてフィードバック制御入力を LQI で設計する．なお，入力遅れを考慮している．具体的には

$$\begin{bmatrix} \Delta \hat{x}_{r,k+1} \\ z_{k+1} \\ \varepsilon_{k+1} \end{bmatrix} = \begin{bmatrix} A_{11} & A_{12} & 0 \\ 0 & A_{22} & 0 \\ -hC_1 & -hC_2 & I_2 \end{bmatrix} \begin{bmatrix} \Delta \hat{x}_{r,k} \\ z_k \\ \varepsilon_k \end{bmatrix} + \begin{bmatrix} 0 \\ B_2 \\ 0 \end{bmatrix} \Delta \hat{u}_k$$

ここで，$\Delta \hat{x}_r \in R^{15}$ は，サージタンク内とシリンダ内の質量および圧力とエンジン速度の 2 乗における定常からの偏差，$\varepsilon \in R^2$ は積分器の状

4.5 制御設計例

態変数，$z \in R^7$ は入力の遅れを示す．ただし，このとき，シリンダ内流入燃料量は燃料噴射量にほとんど一致するため，燃料，バルブ温度，およびポート温度の各モデルを無視できる．なお，この線形モデルは可安定であり可検出である．

ステップ2により得られる最適なフィードフォワード制御入力時の燃料挙動を図 4.6 に示す．冷間始動直後はバルブに燃料が付着するが，バルブ温度がすぐに上昇するため付着した燃料は蒸発しシリンダ内へ流入する．この燃料挙動を最適に制御していることがわかる．

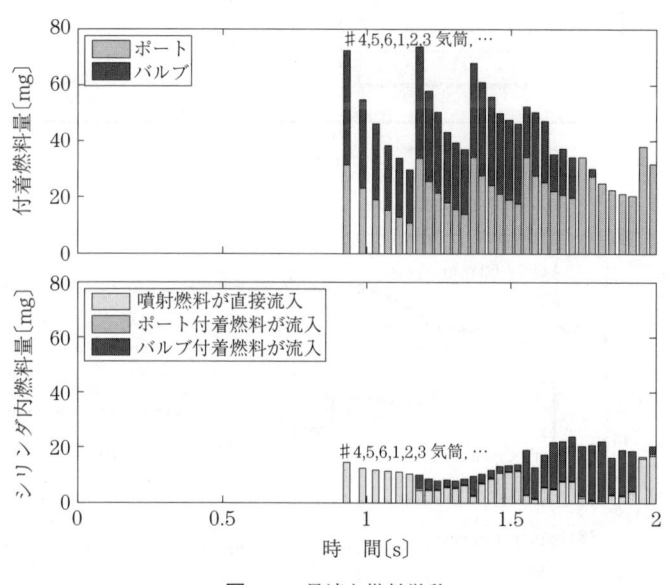

図 4.6 最適な燃料挙動

図 4.7 に上記のプロセスで設計したエンジン始動制御系を，図 4.8 にベンチマークモデルによる数値実験の結果を示す．ベンチマーク問題の制御仕様を満足し，始動直後の速度が早期に 650 rpm に収束していることがわかる．なお，フィードバック制御はバルブ温度が十分に暖まる6サイクル目（1.8秒付近）より実施し，これ以降のフィードフォワード制御入力は定常入力である．また，点火時期と燃料噴射量はサンプル点によって対応する気筒が異なっている．

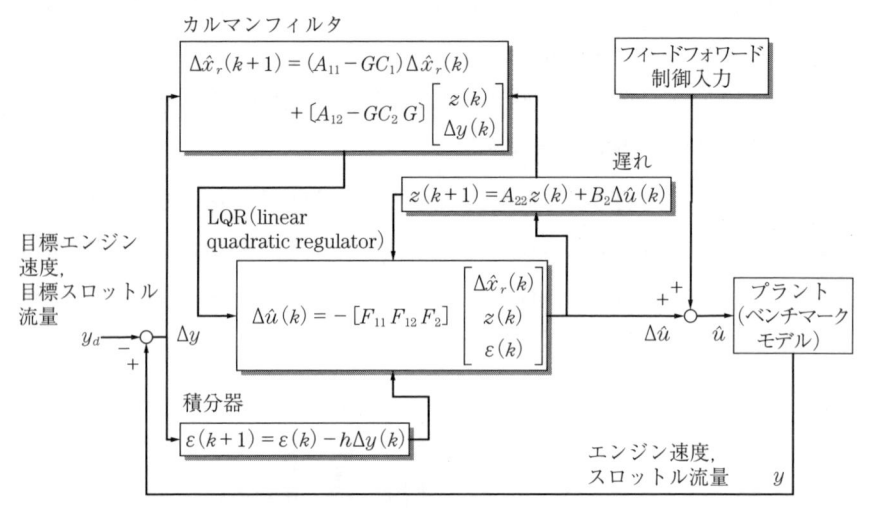

90   4. 役割変数を用いた物理モデルベース制御

図 4.7 エンジン始動制御系

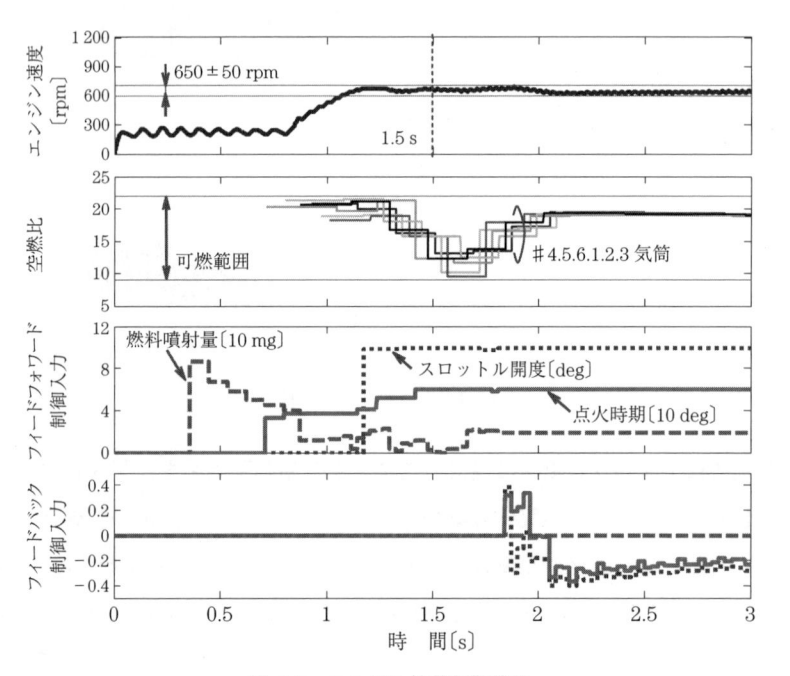

図 4.8 エンジン始動制御結果

本章で紹介した設計手法は，周期時変系であるエンジンシステムに対して，時不変離散時間モデルによる多入力の最適設計が可能である。

引用・参考文献

1） R.Johansson et al.：Nonlinear and Hybrid Systems in Automotive Control, Springer-Verlag London (2003)
2） R.K.Jurgen：Electronic Engine Control Technologies 2nd Edition, SAE (2004)
3） J.J.Moskwa et al.：Automotive engine modeling for real time control application, Proceedings of the 1987 American Control Conference, pp.341〜346 (1987)
4） M.Nasu et al.：Idle Speed Control by Nonlinear Feedback, JSAE Review, 13(2), pp.54〜60 (1991)
5） L. Kjergaard et al.：Advanced Nonliner Engine Idle Speed Control Systems, SAE Paper 940974 (1994)
6） A.Balluchi et al.：Maximal Safe Set Computation for Idle Speed Control of an Automotive Engine, Lecture Notes in Computer Science 1790, pp.32〜44 (2000)
7） M.Kajitani et al.：High Performance Idel Speed Control Applying the Sliding Mode Control with H Robust Hyperplane, SAE Paper 2001-01-0263 (2001)
8） N.Cavina et al.：Model-Based Idle Speed Control for a High Performance Engine, SAE Paper 2003-01-0358 (2003)
9） Y.Yasui et al.：Accurate Engine Speed Control Using Adaptive Disturbance Observer, JSAE Paper 2004-08-0313 (2004)
10） H.Inagaki et al.：An Adaptive Fuel Injection Control with Internal Model in Automotive Engines, IECON, pp.78〜83 (1990)
11） J. W.Grizzle et al.：Individual Cylinder Air-Fuel Ratio Control with a Single EGO Sensor, IEEE Transactions on vehicular technology, 40(1), pp.280〜286 (1991)
12） Y.Hasegawa et al.：Individual Cylinder Air-Fuel Ratio Feedback Control Using an Observer, SAE Paper 940376 (1994)

13) H.Maki et al.：Real Time Engine Control Using STR in Feedback System, SAE Paper 950007 (1995)
14) A.Ohata et al.：Model Based Air Fuel Ratio Control for Reducing Exhaust Gas Emissions, SAE Paper 950075 (1995)
15) M.Wendeker et al.：Hybrid Air/Fuel Ratio Control Using the Adaptive Estimation and Neural Network, SAE Paper 2000-01-1248 (2000)
16) C.F.Taylor：The Internal-Combustion Engine in Theory and Practice, MIT Press, Second Edition, Revised (1985)
17) H.W.Liepmann and A.Roshko：Elements of Gasdynamics, John Wiley and Sons, Inc. (1960)
18) J.B.Heywood：Internal Combustion Engine Fundamentals, McGraw-Hill (1988)
19) G.Woschni：A Universally Applicable Equation for the Instantaneous Heat Transfer Coefficient in the Internal Combustion Engine, SAE Paper 670931 (1967)
20) C.F.Aquino：Transient A/F Control Characteristics of the 5 Liter Central Fuel Injection Engine, SAE Paper 810494 (1981)
21) T. Jimbo and Y. Hayakawa：Physical-Model-Based Control of Engine Cold Start via Role State Variables, Proc. of the 17th World Congress The International Federation of Automatic Control, pp.1024〜1029 (2008)
22) R.W. Brockett：Finite Dimensional Linear System, John Wiley and Sons,inc., pp.46〜48 (1970)
23) C.T. Chen：Linear System Theory and Design, Holt, Rinehart and Winston, pp.153〜154 (1984)
24) Y. Hayakawa and T. Jimbo：Floquet Transformations for Discrete-time Systems: Equivalence between periodic systems and time-invariant ones, Proc. of the 47th IEEE Conference on Decision and Control, pp.5140〜5145 (2008)
25) P. Van Dooren and J. Sreedhar：When is a Periodic Discrete-Time System Equivalent to a Time-Invariant One?, Linear Algebra and its Applications, 212/213, pp.131〜151 (1994)
26) F.R. Gantmacher：The Theory of Matrices, Vol.1, Chapter VIII, Chelsea, New York (1959)

27) Y. Hayakawa and T. Jimbo : On Similarity Classes of Discrete-time Floquet Transformations, Proc. of 2009 American Control Conference, pp.3757〜3763 (2009)
28) G.A. Horn and C.R. Johnson : Topics in Matrix Analysis, Chapter 6, Cambridge University Press (1991)
29) Y. Hayakawa and T. Jimbo : Transformability from Discrete-time Periodic Non-homogeneous Systems to Time-invariant Ones, Proc. of Joint 48th IEEE Conference on Decision and Control and 28th Chinese Control Conference, pp.1746〜1751 (2009)

5 フィードフォワード・フィードバック切替え型制御法

本章では，フィードフォワード・フィードバック切替えによる冷間始動制御アプローチを紹介する．

エンジンは着火する場合としない場合で挙動が大きく変化するため，本手法ではまず燃料噴射制御により失火しない状況をつくり出し，その上でスロットル開度と点火時期に関し新たな制御手法を適用するというアプローチをとる．フィードバックによる制御手法を目指す一方，着火時は始動時に強い非線形性を持っているためフィードフォワード，フィードバックを共用してエンジン始動の最適化を目指す．フィードフォワード部に関しては短時間で準最適解を探索可能な数値探索アルゴリズムである，粒子群最適化（PSO）[1] を導入し，フィードバック部では Just-In-Time（JIT）法によるモデリング，またそのモデルに対し一般化モデル予測制御（GPC）[2] を適用させることで設計仕様を満たす制御系を設計する．さらに，エンジン内部に存在する種々のパラメータのバラツキに対応するための関数近似手法も導入する．

5.1 PSOによる最適入力列の探索

粒子群最適化（particle swarm optimization，略してPSO）は連続関数を対象とした多点探索手法であり，複雑な非線形最適化問題の求解に有効な確率的かつ集団探索のアルゴリズムである．探索要素であるエージェントの位置と速度を用いて探索を行う．エージェントの個別の最良解，集団内での最良解の位置を利用して探索方向を決定する収束性が強く短時間での局所解探索に有効という特徴を持つ．更新式はつぎのように表される．

$$x(t+1) = x(t) + v(t+1)$$
$$v(t+1) = \omega v(t) + c_1(p_{best} - x(t)) + c_2(g_{best} - x(t))$$

ここで, $x(t)$ は探索要素, $v(t)$ は探索方向 (速度), p_{best} はエージェント個々の最良解, g_{best} は集団内での最良解, ω は乱数を与える. 以後のシミュレーションでは c_1, c_2 は 0.5 とした. ここで探索要素 $x(t)$ が入力列となる. 最良解を決定する評価関数の設定については後述する. 図 **5.1** に PSO の概念図を示す.

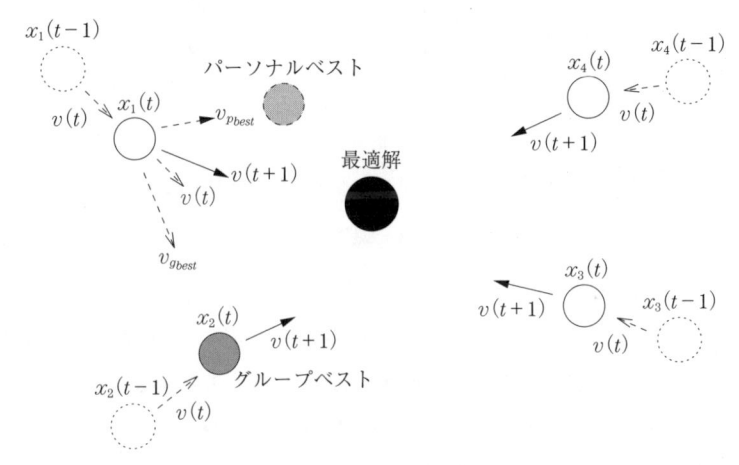

図 **5.1** PSO の概念図

5.2 Cooperative PSO

前述の PSO の欠点を改善するために図 **5.2** に示す Cooperative PSO (CPSO)[3] を用いる.

まず, 探索ベクトルの要素を K 個の群に分ける. つぎに各群のグループ内最良解から構成された contex vector($= \{P_1.z; \cdots; P_{j-1}.z; P_j.z, P_{j+1}.z; \cdots, P_K.z\}$) を構成する. ここで $P_j.z$ は群 j でのグループ内最良解 z を表す. contex vector を連結したものを評価用ベクトルとして評価関数で評価する. いま, 群 j の最適化を行うとすると contex vector の j 番目の要素だけが更新され, j 番目以外の要素はそのままとする.

agent
$\{x_1, x_2, x_3, x_4, x_5, x_6, x_7, x_8, \cdots, x_{n-1}, x_n\}$

Swarm P_1　　　Swarm P_2　　　　　　Swarm P_K
$\{x_1, x_2, x_3, x_4\}$, $\{x_5, x_6, x_7, x_8\}$, $\cdots$, $\cdots$, $\{\cdots, x_{n-1}, x_n\}$

PSO　　　　　PSO　　　　　　　　PSO

$P_1.z$　　　　　$P_2.z$　　　　　　　　$P_K.z$

$b(j, p) = (P_1.z, P_2.z, \cdots, P_{j-1}.z, p, P_{j+1}.z, \cdots, P_K.z)$

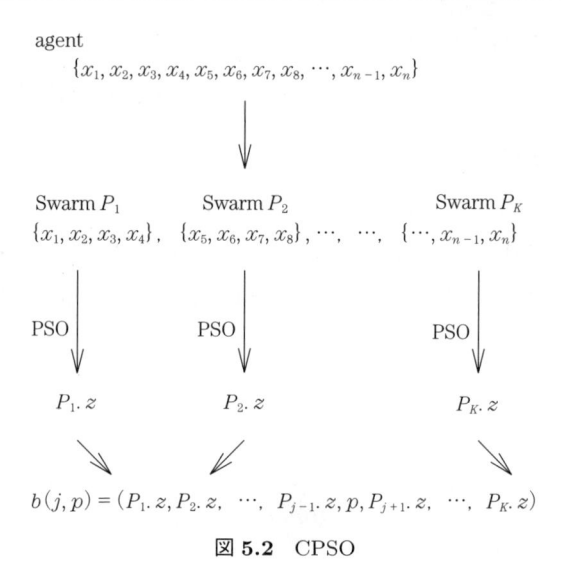

図 5.2 CPSO

文献 3) では，進化型アルゴリズムの考え方を用いてグループ分けを順次変更する New CPSO (NCPSO) や contex vector の順番を逆にする reverse operation (RO) や，c_1, c_2 に simulated annealing (SA) の手法を適用した手法が議論されている。詳細に関しては文献 3) を参照されたい。また，グループの PSO を用いる方法として文献 4) なども提案されている。

5.3　性能テスト

PSO の各種修正の性能をみるために，初期の探索要素を同一のものとし，PSO, CPSO, NCPSO, NCPSO+RO, NCPSO+RO+SA を使った結果を比較する（図 **5.3**, 表 **5.1**）。これらのアルゴリズムの詳細については，文献 3) を参照されたい。ただし，探索ステップは同一になるよう調整を加える。入力は 100 次元，100 個のランダムな探索要素を用意し探索を行う。群の分割数は 10，評価関数は $J = ||x||$ とする。

比較すると NCPSO は CPSO よりも収束性がよく，評価関数が PSO, CPSO よりも小さい値をとっており，より最適な解が探索可能であることがわかる。

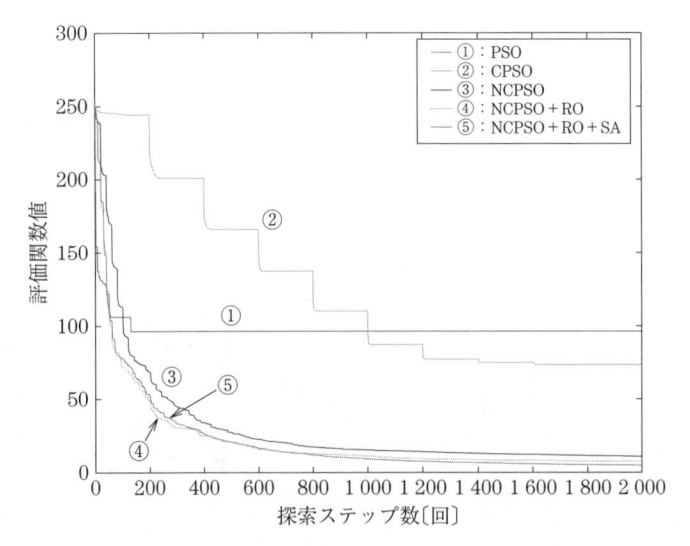

図 5.3 探索ステップ数と評価関数の最小値の関係

表 5.1 評価関数の最小値の比較

	PSO	CPSO	NCPSO	NCPSO+RO	NCPSO+RO+SA
評価関数の最小値	96.36	73.71	10.92	7.44	4.91

また，RO，SA の操作を組み合わせることで，より最良解を見つけ出すことができることがわかる。

5.4 関 数 近 似

ある条件下での最適なフィードフォワード入力を PSO などの最適化手法によって探索することは可能であるが，すべての状況に対して入力列を計算しておくことは現実的ではない。そこで，不確定性をパラメータ化し，計測あるいは推定されたパラメータの値によってあらかじめ代表的な状況に対して計算しておいた入力列から連続的に望ましい入力列を生成することを考える。多変数関数を近似する手法には，多項式近似，RBF（radial basis function，放射基底関数）近似などいろいろあるが，ここでは汎化能力が高いと考えられるニュー

ラルネットワークを用いることとする。

図 5.4 に示すような 3 層ニューラルネットワークを用いる。ここで $w_{ij}(n)$ を第 $n-1$ 層の素子 i から第 n 層の素子 j への結合重み，$y_j(n)$ を第 n 層の素子 j の出力，素子 j での関数を $\phi_j(\cdot)$，素子 j に入る前の信号を $v_j(n)$ と表記している。

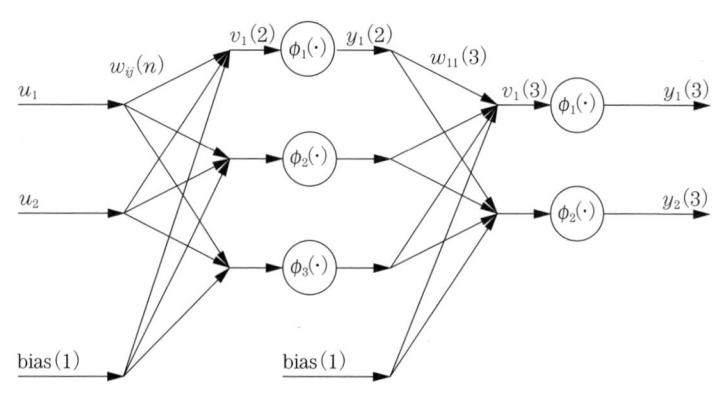

図 5.4 3 層ニューラルネットワーク

ニューロンには単調増加関数であるさまざまな関数が用いられるが，通常は次式で表されるシグモイド（sigmoid）関数が用いられる。

$$\phi(x) = \frac{1}{1 + e^{-a(x-c)}} \tag{5.1}$$

ニューラルネットの出力は次式で表せる。

$$y = W_2 \Phi(W_1 u), \quad y \in R^p, \quad u \in R^m, \quad W_1 \in R^{n \times m}, \quad W_2 \in R^{p \times n} \tag{5.2}$$

ここで m, n, p はニューラルネットワークの入力数，中間層のニューロン数，ネットワークの出力数であり，$\Phi(\ )$ は式 (5.1) の sigmoid 関数を n 個並べた関数である。この関数に対して，教師信号を $\{(y_d^p, u^p)\}$ ($p = 1, \cdots, N_p$) として，評価関数をつぎのように設定し

$$E = \frac{1}{2}\sum_{p=1}^{N_p}||y_d^p - y^p||^2 \tag{5.3}$$

W を W_1, W_2 の行列のすべての要素をベクトルとして並べたものとして

$$\dot{W} = -\eta \frac{\partial E}{\partial W} \tag{5.4}$$

となるように更新する。ただし，η は更新の重みである。実際の更新にはネットワークの接続の出力層から入力層の重みを逐次更新する誤差逆伝播法（back propagation）アルゴリズムを用いる。ニューラルネットワークの構造や学習に関しては文献 5) を参照。

5.5 局所モデルによる JIT モデリング

シミュレーション用モデルはモデル予測制御には複雑すぎるため，ここではエンジンモデルをブラックボックスとして扱い，入出力データから ARX モデルを同定する。さらに JIT 法と組み合わせることでモデルの精度の向上を図る。

5.5.1 ARX モデルの同定アルゴリズム

ARX モデルはつぎのように表される。

$$y(t) = a_1 y(t-1) + \cdots + a_{n_a} y(t-n_a) + b_1 u(t-1) + \cdots + b_{n_b} u(t-n_b) \tag{5.5}$$

ここで

$$Y = \begin{bmatrix} y(t) & \cdots & y(t-n) \end{bmatrix}^T$$

$$\Phi(t) = \begin{bmatrix} y(t-1) \cdots y(t-n_a) & u(t-1) \cdots u(t-n_b) \\ \vdots & \vdots \\ y(t-n-1) \cdots y(t-n-n_a) & u(t-n-1) \cdots u(t-n-n_b) \end{bmatrix}^T$$

$$\theta = \begin{bmatrix} a_1 & \cdots & a_{n_a} & b_1 & \cdots & b_{n_a} \end{bmatrix}^T$$

とすると $Y = \Phi^T \theta$ と表され，通常の最小二乗法により $\theta = (\Phi^T\Phi)^{-1}\Phi Y$ でモデルパラメータが同定できる。

5.5.2 ARX モデルを用いた JIT 法

JIT モデリングは処理要求に対し，自身の持つデータベースより近傍データを取り出し，その近傍データより局所モデルを導出するイベント駆動型のモデリング手法である．図 5.5 は，JIT モデリングの基礎アルゴリズムの概念図を示したものである．

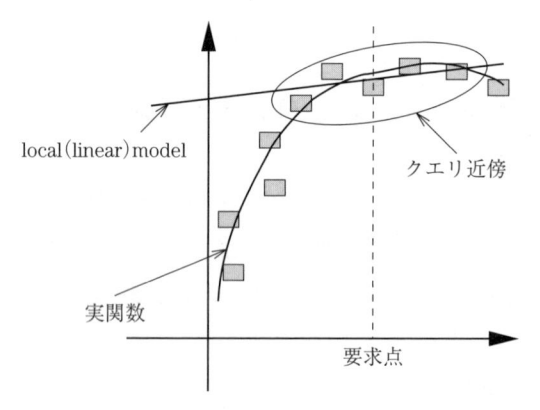

図 5.5 JIT モデリングの概念図

まず，次式で表される ARX モデルを考える．

$$y(t) = \phi(t)^T \theta \tag{5.6}$$

$$\phi(t) = [-y(t-1)\cdots -y(t-n_a), u(t-1)\cdots u(t-n_b)]^T \tag{5.7}$$

いま，要求点 (5.7) の近傍では式 (5.6) が式 (5.5) の ARX モデルで表されると仮定する．ここで考える問題は，要求点 (5.7) を基準として入出力データベースから近傍データを取り出し，その近傍データより式 (5.5) のパラメータを決定することである．そのため式 (5.7) を要求点（query）と呼び，データベースの構成はつぎのように y_i, ϕ_i を組みとする．ここで N は総データ数を表す．

$$\left\{ \begin{bmatrix} y_1 \\ \phi_1 \end{bmatrix} \cdots \begin{bmatrix} y_i \\ \phi_i \end{bmatrix} \cdots \begin{bmatrix} y_N \\ \phi_N \end{bmatrix} \right\} \tag{5.8}$$

局所モデルを構築するために,まず近傍を定義する.ここでは次式で表される距離関数の値が小さいデータを k 個選択することで近傍を定義する.

$$d(t) = \|\phi(t) - \phi_i\|^2, \quad 1 \leqq i \leqq N \tag{5.9}$$

各サンプル点を選択した後,そのデータを用いて ARX モデルの同定を行う.

ここで推定精度を向上させるために,近傍のサイズ k の最適化を考える.今回は次式で表される赤池の最終予測誤差規範(final prediction errors, 略して FPE)[6)] を用いる.

$$FPE(k) := \frac{1 + \dfrac{n_b n_c + n_a}{k}}{1 - \dfrac{n_b n_c + n_a}{k}} \cdot \frac{1}{k} \sum_{i=1}^{k} (y_i - \phi_i^T \theta_k)^2 \tag{5.10}$$

ここで θ_k は近傍のサイズが k のときの推定パラメータを意味する.k を変化 ($\underline{k} \leqq k \leqq \overline{k}$) させ,FPE が最小になるときの近傍のサイズを最適な近傍のサイズ k_{opt} とする.つまり

$$k_{opt} = \arg \min_{\underline{k} \leqq k \leqq \overline{k}} FPE(k) \tag{5.11}$$

である.そしてこの最適な近傍サイズ k_{opt} を用いて近傍を再定義し,求めた局所 ARX モデルを最終的な局所モデルとする.

5.6 一般化予測制御(GPC)の設計

前節で得られた JIT モデルに対し一般化予測制御(generalized predictive control, 略して GPC)を適用することを考える.

5.6.1 一般化予測制御(GPC)

(1) システムのモデル ARX モデルはつぎのように表せる.

$$A_{arx}(z^{-1})y(t) = B_{arx}(z^{-1})u(t-1)$$

このとき，出力の誤差 $e(k) = y(k) - y_r(k)$ を定義する．ただし，$y_r(k)$ はステップ状の目標値とする．つまり，$\Delta y_r(k) = 0$ $(\Delta := 1 - z^{-1})$ である．

誤差について，つぎのように変形する．

$$\Delta e(t) = \Delta y(t) - \Delta y_r(t) = \Delta y(t)$$

$$\Delta A_{arx}(z^{-1})e(t) = \Delta A_{arx}(z^{-1})y(t) = B_{arx}(z^{-1})\Delta u(t-1)$$

ここで，$\Delta A_{arx}(z^{-1}) = A(z^{-1})$, $B_{arx}(z^{-1}) = B(z^{-1})$ とすると

$$A(z^{-1})e(t) = B(z^{-1})\Delta u(t-1)$$

この拡大系を零化することで，ステップ状の目標値に追従することが可能となる．

（2） **予測式の導出**　ディオファントス (Diophantine) 方程式を用いることで入力 $u(t+j-1)$ $(j=1,\cdots,N)$ と j ステップ先の予測出力 $\hat{e}(k+j)$ $(j=1,\cdots,N)$ の関係を計算する（詳細は文献 7) を参照）．

（3） **制御則の導出**　5.5 節で計算された j ステップ先の出力予測式をもとに，次式の評価関数を最適にする制御則を求める．

$$J = \sum_{j=N_1}^{N_2} \lambda_e(j)\left[\hat{e}(t+j)\right]^2 + \sum_{j=1}^{N_u} \lambda_u(j)\left[\Delta u(t+j-1)\right]^2 \tag{5.12}$$

ここで，$\lambda_e(j)$, $\lambda_u(j)$ はそれぞれ偏差および入力の増分に対する重み係数である．また，$[N_1, N_2]$ は予測区間，$[1, N_u]$ は制御区間を表している．ここで N_1, N_2, N_u は $N_1 \leq N_2$ かつ $N_u \leq N_2$ を満たす必要がある．また，制御区間 $[1, N_u]$ は $\Delta u(t+j-1) = 0$ $(j > N_u)$ となることを意味している．この評価関数をベクトル形式で表現し直すと

$$J = \widehat{E}(t)^T \Lambda_e \widehat{E}(t) + \Delta U(t)^T \Lambda_u \Delta U(t) \tag{5.13}$$

となる．ここで

$$\widehat{E}(t) = \begin{bmatrix} \hat{e}(t+N_1) & \hat{e}(t+N_1+1) & \cdots & \hat{e}(t+N_2) \end{bmatrix}^T$$

$$\Delta U(t) := \begin{bmatrix} \Delta u(t) & \Delta u(t+1) & \cdots & \Delta u(t+N_u-1) \end{bmatrix}^T$$

$$\Lambda_e := \mathrm{diag}\,[\lambda_e(N_1), \lambda_e(N_1+1), \cdots, \lambda_e(N_2-1), \lambda_e(N_2)]$$

$$\Lambda_u := \mathrm{diag}\,[\lambda_u(1), \lambda_u(2), \cdots, \lambda_u(N_u-1), \lambda_u(N_u)]$$

である.さらにディオファントス方程式により求めた j ステップ先の出力予測式もベクトル形式で表現すると

$$\widehat{E}(t) = G\Delta U(t) + H(t) \tag{5.14}$$

となる.このとき,式 (5.12) を最小にする制御則は,式 (5.14) を式 (5.13) に代入し,$\Delta U(t)$ について偏微分することで,次式のように求められる.

$$\Delta U(t) = -\left[G^T \Lambda_e G + \Lambda_u\right]^{-1} G^T \Lambda_e H(t) \tag{5.15}$$

GPC をはじめモデル予測制御では,式 (5.15) の最初の 1 ステップ分のみを制御対象に適用する.

5.6.2 JIT モデリングを用いた GPC

前述した GPC に,ARX モデルを用いた JIT モデリングを組み込むことでセルフチューニング GPC コントローラを構築することができる.

GPC の具体的な設計手順はつぎのとおりである.要求点ごとに ARX モデルのパラメータを JIT モデリングを用いて同定する.これを拡大系に変換し,ディオファントス方程式を計算する.そしてその結果を用いて式 (5.15) より入力の速度 $\Delta u(t)$ を計算する.最後に $u(t) = u(t-1) + \Delta u(t)$ より入力 $u(t)$ を計算する.

5.7 空燃比制御

空燃比は筒内吸入空気量 M_c と筒内吸入燃料量 f_c の比 $\alpha = M_c/f_c$ で表され,通常のガソリンエンジンでは理論空燃比は 14.5 である.理論空燃比では最も高

効率な燃焼が実現できるだけでなく,有毒な排気を抑える3元触媒コンバータが最も有効に働くことから空燃比制御は燃費向上,排気抑制の面で効果的である。ここで f_c は燃料が噴射されるクランク角の 360 deg(上死点)で決まるのに対し,M_c は吸気過程の終端であるクランク角 540 deg で決まるため,M_c を予測して燃料量を決めなければならない。また燃料はポートやバルブへの付着量を考慮する必要があり f_i から f_c への燃料挙動モデルを導入する。

(1) **筒内吸入空気量推定**　吸気マニホルド内圧力 P_m はつぎの式で表される[8]。

$$\dot{P}_m = \frac{\kappa R T_0}{V_m}\left(m_t - \frac{T_m}{T_0}m_c\right) \tag{5.16}$$

ただし,V_m,T_m,T_0,m_t,m_c はマニホルド内体積,マニホルド内温度,外気(初期)温度,スロットル通過空気流量,筒内吸入空気流量,また κ,R は比熱比,気体定数である。

また,シリンダ内のエネルギー保存則より,つぎの式が成り立つ。

$$\frac{1}{\kappa - 1}(P_m V_C - P_0 V_T) = \frac{\kappa}{\kappa - 1}M_c R T_m - P_m(V_C - V_T) \tag{5.17}$$

さらに筒内吸入空気量とエンジン速度の間には,つぎの関係式が成り立つ。ここでの k はシリンダごとのサンプリング数を表す。

$$M_c(k) = m_c(k)\frac{\pi}{\omega(k)}, \quad \omega(k) = \frac{2\pi}{60}N_e(k) \tag{5.18}$$

式 (5.16)〜(5.18) をまとめ,各係数をパラメータ A_1,A_2 で置くと

$$M_c(k+1) = A_1 M_c(k) + A_2 \frac{m_t(k)}{N_e(k)} \tag{5.19}$$

となる。A_1,A_2 は最小二乗法により決定する。同定時のみ $M_c(k)$ はモデルから直接計測した値を用いているが,実際の制御中には計測できず,式 (5.19) はオープンループ・オブザーバとなる。

(2) **燃料挙動モデル**　本書で使用するエンジンシミュレータに組み込まれている燃料挙動モデルは,つぎのように表される。

5.7 空燃比制御

$$f_{wp}(k) = R_p f_i(k) + P_p f_{wp}(k-1)$$

$$f_{wv}(k) = R_v f_i(k) + P_v f_{wv}(k-1)$$

$$f_c(k) = (1 - P_p)f_{wp}(k) + (1 - P_v)f_{wv}(k) + (1 - R_p - R_v)f_i(k)$$

ここで，f_{wp}, f_{wv}, f_c はそれぞれポート残留燃料量，バルブ残留燃料量，筒内吸入燃料量である．また，P_p, R_p, P_v, R_v はエンジンの状況からマップにより決定される．いま，シリンダに入る筒内吸入空気量 $M_c(k)$ が推定されたとすると必要な筒内吸入燃料量は $f_c(k) = M_c(k)/14.5$ であるので，加えるべき燃料噴射量はつぎのように求まる．

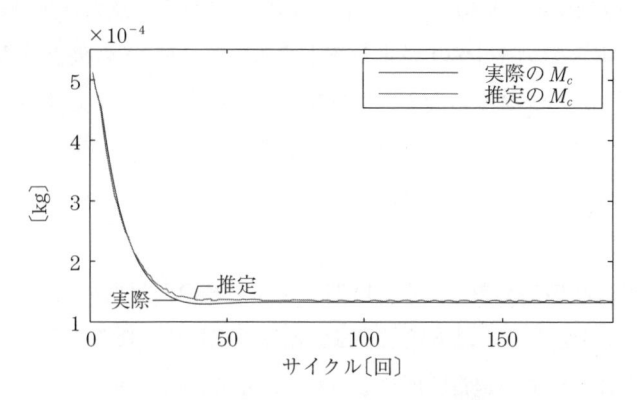

図 5.6 筒内吸入空気量 M_c とその推定値

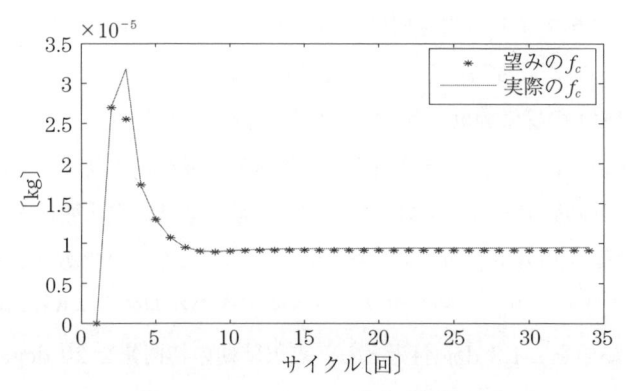

図 5.7 筒内吸入燃料量 f_c と噴射燃料量 f_i

$$f_i(k) = \frac{f_c(k) - (1-P_p)f_{wp}(k) - (1-P_v)f_{wv}(k)}{1 - R_p - R_v} \qquad (5.20)$$

これら筒内吸入空気量推定，燃料挙動モデルの挙動を以下に示す．

図 **5.6** では筒内吸入空気量 M_c が精度よく推定できることが確認でき，図 **5.7** では筒内吸入燃料量 f_c に関して理想値になるような噴射燃料量 f_i が求められていることがわかる．

5.8 点火時期の制御

前節での燃料噴射量制御を行った上でスロットル開度，点火時期の最適フィードフォワード入力列を PSO による探索で求める．PSO の欠点は探索範囲がエージェントのバラツキの大きさに依存し，局所解に陥ってしまうということである．そこで，あらかじめ点火時期の挙動を確認し探索範囲を絞りこんだものを初期解候補とした．また，PSO による探索では，パラメータを $c_1 = 0.5$, $c_2 = 0.5$ とした．

（**1**） **点火時期の影響** 点火時期はシリンダの上死点から 53.2 deg 前を 0 deg として指定する．燃料噴射量は常に理論空燃比になるように設定したシミュレータにおいて，定常状態になったところで点火時期を 1 シリンダ分だけ変化させ，その挙動を確認する．

図 **5.8**，図 **5.9** より点火時期は 20 deg 付近でエンジンの平均速度は最大値をとり，その時が最も効率のよい燃焼であることがわかる．

（**2**） **PSO の探索範囲の設定** 排気の減少，燃費の向上を実現するには使用燃料を最小にする，つまり筒内吸入空気量を最小にすればよく，スロットル開度により制御できる．スロットル開度の最適値は定常状態において点火時期が最適な値（20 deg 付近）で目標エンジン速度になる角であり，実験的に約 -1.3 deg と求められた．そこでスロットル開度の初期値を -6.6 deg（閉じた状態），最終値を -1.3 deg 付近とし，点火時期の初期値を 20 deg，最終値を 20 deg 付近とした範囲内で探索を行う．フィードフォワードの期間は 30 ステッ

5.8 点火時期の制御

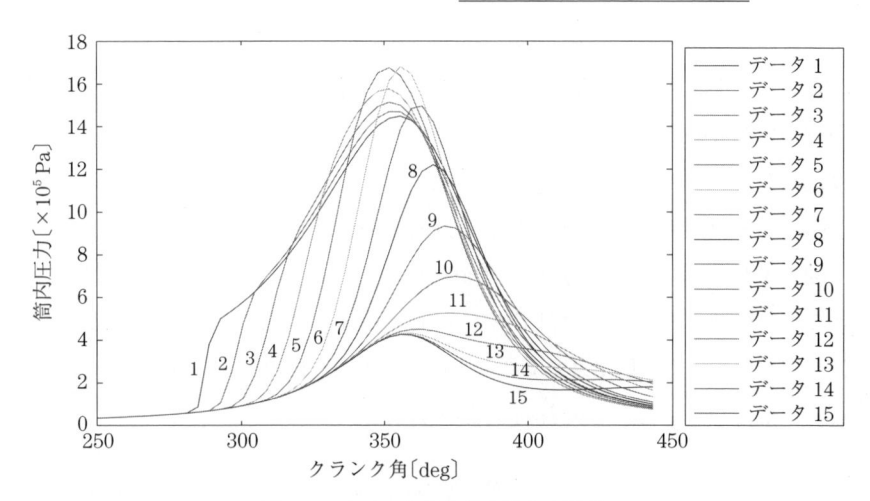

図 **5.8** クランク角と筒内圧力の関係

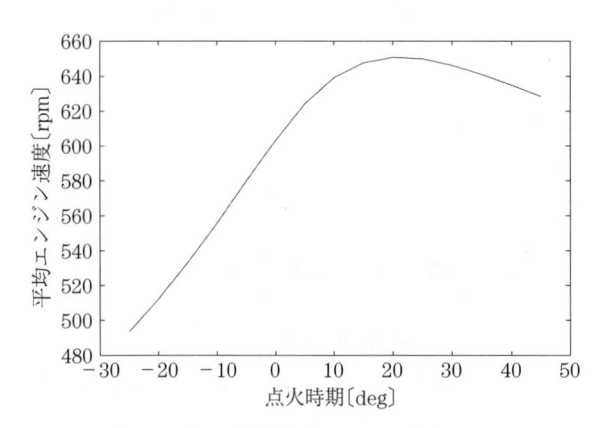

図 **5.9** 点火時期と平均エンジン速度の関係

プとし,これは実験的に設定した。また PSO の最良解を決定する評価関数は次式のように設定した。

$$J = Q_1 \sum_{k=1}^{30} \frac{\{(y_1(k) - y_d)/y_d\}^2}{30} + Q_2 \left(\frac{y_{max} - y_d}{y_d}\right)^2$$

$$+ Q_3 \sum_{k=1}^{30} \frac{[\{u_1(k) - u_1(k-1)\}/\dot{u}_{max}]^2}{30} + Q_4 \sum_{k=1}^{30} \frac{\{(u_1(k) - u_0)/u_0\}^2}{30}$$

ここで,$y_d = 650$, $\dot{u}_{max} = 5$, $u_0 = -6.6$ である。第 1 項によりエンジン速

度と目標値の誤差の最小化，第2項によりエンジン速度の吹き上げの抑制，第3項によりスロットル開度のチャタリング防止，第4項によりスロットル開度の最小化を評価している．重みは $Q_1 = 10$, $Q_2 = 10$, $Q_3 = 0.1$, $Q_4 = 5$ と設定した．

(3) 探 索 結 果　　PSO による探索結果を以下に示す．

図 5.10 よりエンジン速度の始動直後のオーバシュートが 700 rpm 以内に抑えられ，最速である 2 点火目で 650 ± 50 rpm 内に収まっていることから速応性も満たしている．図 5.11 より，スロットル開度はチャタリングを起こさず，吸入空気量を最小とする入力列が求められた．

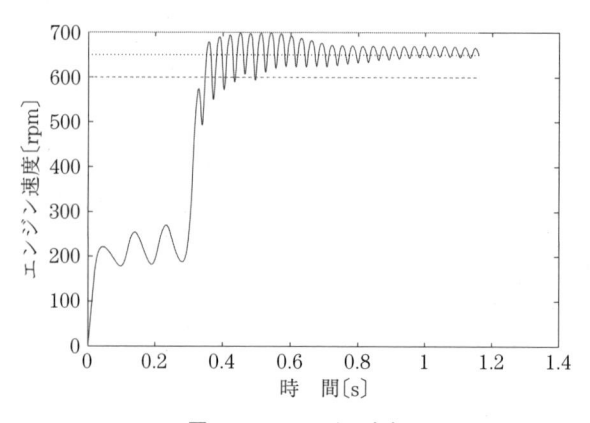

図 5.10　エンジン速度

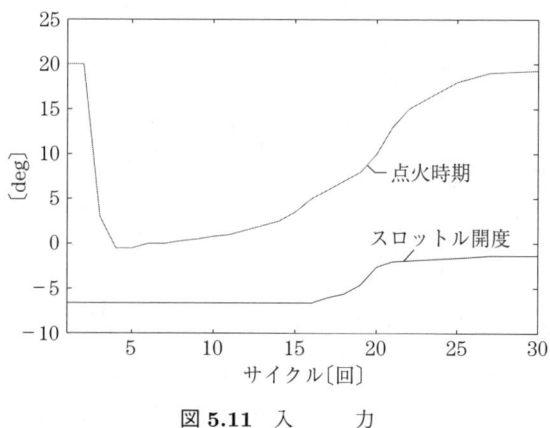

図 5.11　入　　力

5.9 ノミナルモデルによる数値シミュレーション

エンジンシミュレータは過渡期に失火が生じやすく急激な速度低下を起こしモデル誤差が増大する。またJITモデルの精度はデータベースに依存するが大量のデータベースを用意することは実用的ではない。そこで初期入力はPSOの結果（30ステップ分）を用いて，その後JIT+GPCに切り替える。シミュレーション結果を図5.12，図5.13に示す。

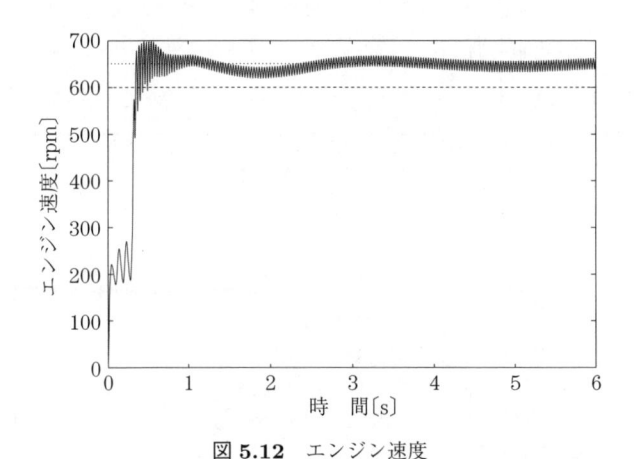

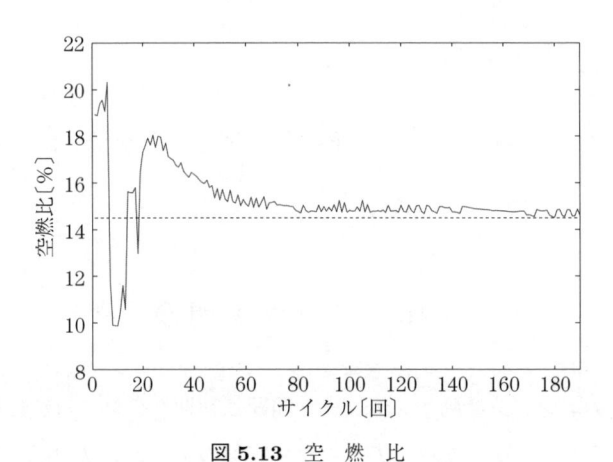

図 5.12 エンジン速度

図 5.13 空 燃 比

図 5.12,図 5.13 より,エンジン速度が目標速度に収束し,かつ設計仕様を満たすエンジンの始動制御が実現できている。また図 5.14,図 5.15 より目標値の変化に対しても良好な追従性を示していることがわかる。

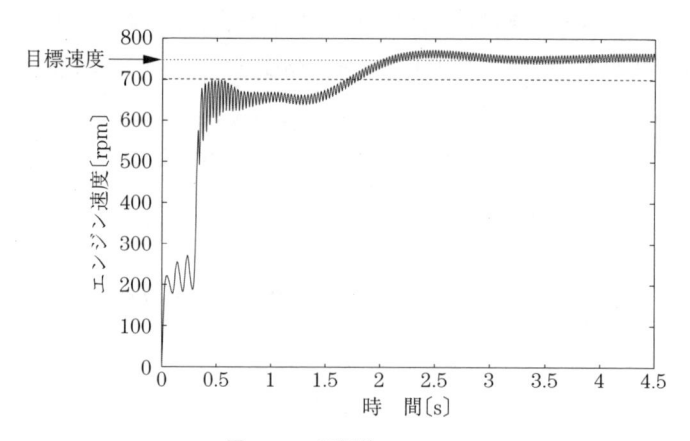

図 5.14　目標値 750 rpm

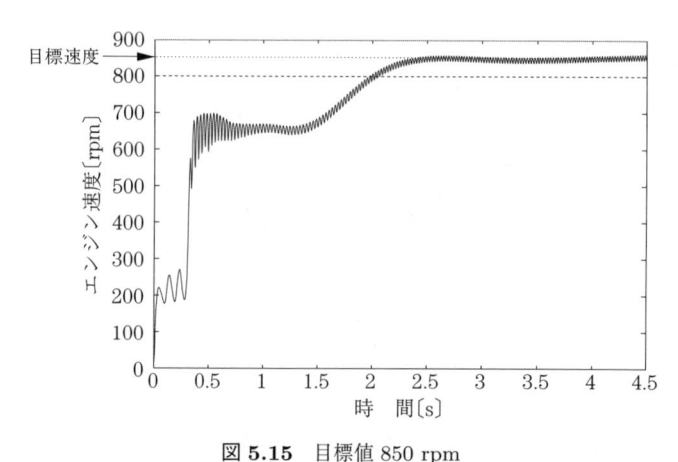

図 5.15　目標値 850 rpm

5.10　バラツキ問題

これまでのエンジン始動ベンチマーク問題は初期クランク角が必ず 0 deg から始まるノミナルモデルを扱ってきたが,実際のエンジンは初期クランク角に

バラツキがあり，さらにエンジンごとにフリクションやクランキング回転数も異なる．

本手法では始動直後はフィードフォワードに頼っており，こうした初期値の変動に対応できない．そこで，バラツキ問題を扱っていくことでロバスト性を向上させ，さまざまな初期値に対し設計仕様を満たすエンジン始動を実現する．

5.10.1 バラツキに関する仕様

バラツキを考えるパラメータはエンジンごとのフリクション，始動時クランク角，クランキング回転数の三つである．

- エンジンごとのフリクション T_f は，$\left\|\dfrac{T_f - T_{fs}}{T_{fs}}\right\| \leq 0.2(\pm 20\ \%)$，オンボードで計測不可である．なお T_{fs} はノミナルモデルのフリクショントルクを示す．

- 始動時クランク角 $CA(0)$ は，0 or 60 or 120 or 180 or 240 or 300 or 360 or 420 or 480 or 540 or 600 or 660 [deg] のいずれか近傍，オンボードで計測可能である．
  $CA(0) = 120i$（圧縮 TDC）または $60 + 120i$（膨張行程）[deg]，$i = 0, 1, 2, 3, 4, 5$ であり，それぞれつぎの確率で発生する．

$$CA(0) = 120i \quad : 各\ 約\ 1.28\ \%$$
$$CA(0) = 60 + 120i : 各\ 約\ 15.4\ \%$$
$$i = 0, 1, 2, 3, 4, 5 \quad : 各\ 約\ 16.7\ \%$$

- クランキング回転数 n_c は，$\|n_c(t) - 250\| \leq 50$ rpm，オンボードで計測可能である．

5.10.2 各種バラツキパラメータの影響

ノミナルモデルで求めた PSO の値でバラツキを考慮したシミュレーションを行い，バラツキによる影響を確認する．フリクションのバラツキの影響とク

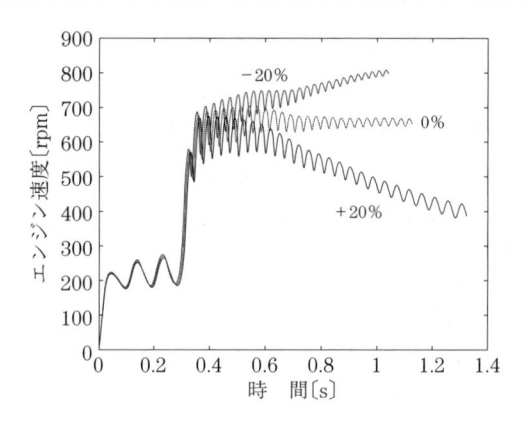

112   5. フィードフォワード・フィードバック切替え型制御法

図 **5.16** フリクションのバラツキの影響

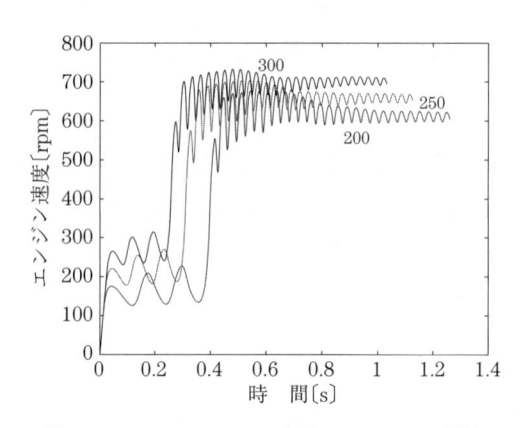

図 **5.17** クランキング回転数のバラツキの影響

ランキング回転数のバラツキの様子をそれぞれ図 **5.16** と図 **5.17** に示す。

このようにフリクションはドリフト，クランキング回転数はバイアスのように ずれが生じることがわかる。

つぎに初期クランク角のずれによる影響を見る。図 **5.18**，図 **5.19** はノミナル (0 deg) モデルと 1 deg ずらしたバラツキモデルの各ステップに対する各シリンダの行程を示している。なお，Mc，fi，○，×はそれぞれ，シリンダ内空気量確定，噴射燃料量確定，点火成功，点火失敗を意味する。

5.10 バラツキ問題

図 5.18 ノミナルモデルのエンジンスケジュール

slm i	0				1				2				3				4				5			
cyl 1	0	30	60	90	120	150	180	210	240	270	300	330	360	390	420	450	480	510	540	570	600	630	660	690
	×												fi				Mc							
cyl 2	600	630	660	690	0	30	60	90	120	150	180	210	240	270	300	330	360	390	420	450	480	510	540	570
					×												fi					Mc		
cyl 3	480	510	540	570	600	630	660	690	0	30	60	90	120	150	180	210	240	270	300	330	360	390	420	450
			Mc						×												fi			
cyl 4	360	380	420	450	480	510	540	570	600	630	660	690	0	30	60	80	120	150	180	210	240	270	300	330
		fi					Mc						○											
cyl 5	240	270	300	330	360	390	420	450	480	510	540	570	600	630	660	690	0	30	60	90	120	150	180	210
						fi					Mc						○							
cyl 6	120	150	180	210	240	270	300	330	360	380	420	450	480	510	540	570	600	630	660	690	0	30	60	90
										fi				Mc							○			

図 5.19 バラツキ (1 deg) モデルのエンジンスケジュール

slm i	0				1				2				3				4				5			
cyl 1	1	30	60	90	120	150	180	210	240	270	300	330	360	390	420	450	480	510	540	570	600	630	660	690
	×												fi				Mc							
cyl 2	601	630	660	690	0	30	60	90	120	150	180	210	240	270	300	330	360	390	420	450	480	510	540	570
					×												fi					Mc		
cyl 3	481	510	540	570	600	630	660	690	0	30	60	90	120	150	180	210	240	270	300	330	360	390	420	450
			Mc						×												fi			
cyl 4	361	380	420	450	480	510	540	570	600	630	660	690	0	30	60	90	120	150	180	210	240	270	300	330
									Mc				×											
cyl 5	241	270	300	330	360	390	420	450	480	510	540	570	600	630	660	690	0	30	60	90	120	150	180	210
						fi					Mc						○							
cyl 6	121	150	180	210	240	270	300	330	360	380	420	450	480	510	540	570	600	630	660	690	0	30	60	90
										fi				Mc							○			

図 5.18 と図 5.19 を比較すると，噴射燃料は 120 deg ごとに噴射されるためノミナルモデルが最短で 4 点火目で始動するのに対し，1 deg でもずれると噴射燃料のタイミングを逃し 1 ステップ遅れ，最短で 5 点火目で始動する．

ここでバラツキ問題を整理すると，まずバラツキに関する仕様で与えられるように，バラツキの範囲は限られている．また，それぞれのバラツキの影響は独立しており，同時に三つのバラツキを与えた時にはそれぞれの影響の足し合わせのような挙動となる．

そこで，それぞれのバラツキの極端条件で最適入力列を求め，その後その入力列間を何らかの手法で補間することを考える。

最適入力列の探索には PSO よりも探索能力の高い CPSO を用い，入力列の補間にはニューラルネットワークを用いる。

各入力は図 5.20 のように表される。

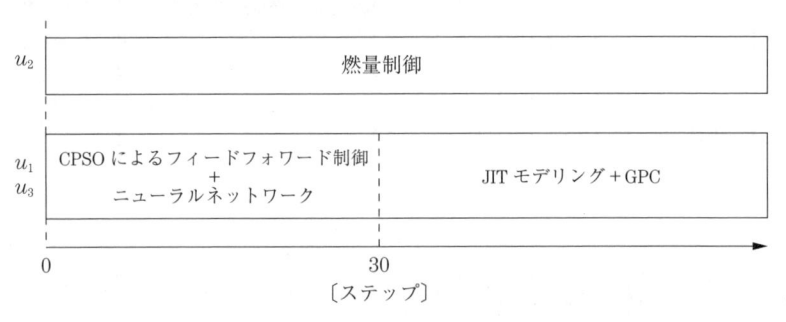

```
u_2  |          燃量制御                              |
u_1  | CPSO によるフィードフォワード制御 |              |
u_3  |      ＋ニューラルネットワーク     | JIT モデリング+GPC |
     0                              30
                              〔ステップ〕
```

図 5.20 シミュレーション入力値

5.11 バラツキ問題に対する関数近似

ここではバラツキ問題を考えるための関数近似について考える。

5.11.1 入出力設定

バラツキ問題で扱うバラツキパラメータは初期クランク角，クランキング回転数，エンジンフリクションの 3 種類であり，出力となる入力列はスロットル開度 27 ステップ，点火時期 27 ステップであるので 3 入力 54 出力としたいところであるが，エンジンフリクションはオンボードで計測不可である。

そこで始動直後のエンジン速度 3 ステップ分も入力として加え，フリクションを推定しつつ妥当な入力列を出力するニューラルネットワークを構築する。結局，初期クランク角，クランキング回転数，エンジン速度 3 ステップ分の 5 入力 54 出力のニューラルネットワークを構築することになる。

5.11 バラツキ問題に対する関数近似

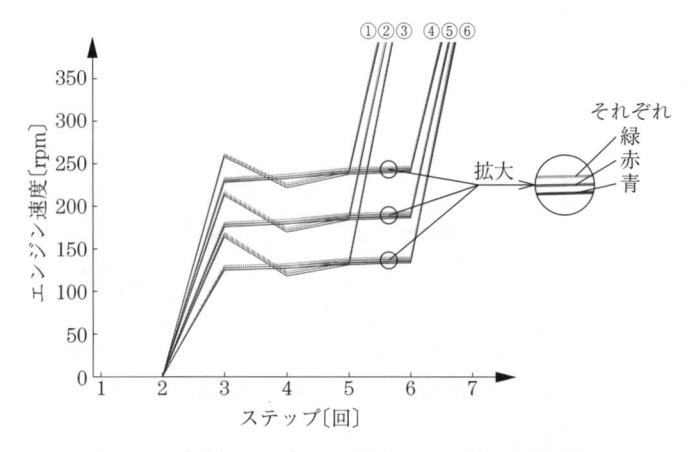

図 5.21 各種バラつかせた時のエンジン始動直後の挙動
（色は原図による）

図 5.21 は各種バラツキ（初期クランク角：1, 60, 120 deg, クランキング回転数：200, 250, 300 rpm, フリクション：+20 %, 0 %, −20 %）を与えた時のエンジン速度の様子である。①〜③は初期クランク角が 60 deg のもので，④〜⑥が 1 deg と 120 deg のものである。図中の 3〜5 ステップのエンジン速度の値を入力とする。いずれの挙動もフリクションは緑線（色は原図による）が +20 %，赤線が 0 %，青線が −20 %を表している。ただし，④〜⑥の図は初期クランクが 1 deg と 120 deg のものがほぼ重なっている。このように，フリクションによる影響が現れるのでフリクションの推定が可能であると考えられる。

5.11.2 学習シミュレーション

CPSO による最適入力列，また上記の手法を用いてニューラルネットワークの学習シミュレーションを行った。今回のニューラルネットワーク内のニューロン数は 50 個である。

図 5.22〜図 5.24 に示すように，学習ステップが進むにつれ出力誤差が減少し，ニューラルネットワークの出力が教師信号に近付いていることがわかる。

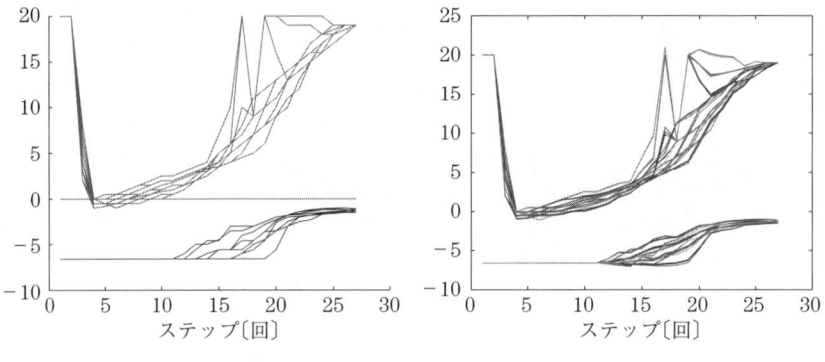

図 5.22 学習に使用した教師信号

図 5.23 学習後に出力された入力列

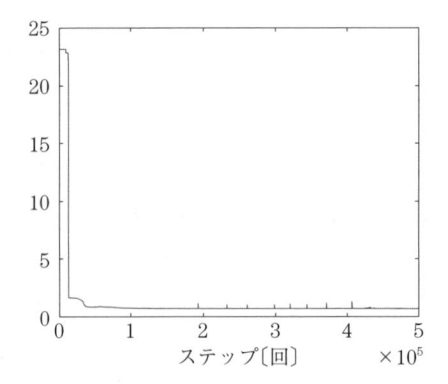

図 5.24 学習ステップと出力誤差の関係

5.12 バラツキのあるモデルによる数値シミュレーション

ここでCPSOにより得られた入力列を教師信号として学習されたニューラルネットワークを用いて,想定されるあらゆるバラツキに対応できるかを検証する.

まず,教師信号として使用された極端条件のもとでのエンジンの挙動を確認する.

図 5.25〜図 5.27 に示すように,端点条件（0.4 秒後）でのエンジン挙動はほぼ良好といえ,この結果からニューラルネットワークによりフリクションを推定し,かつバラツキに対処できていることがわかる.

続いて,端点条件からずれており,教師信号を与えていない範囲においてバ

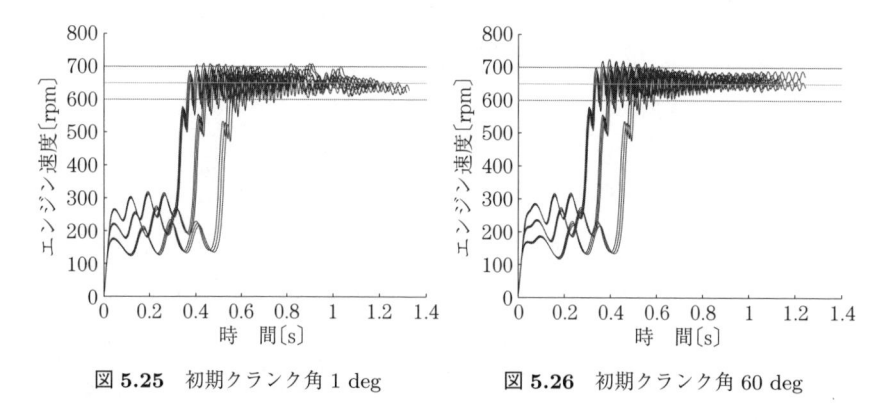

5.12 バラツキのあるモデルによる数値シミュレーション

図 5.25 初期クランク角 1 deg

図 5.26 初期クランク角 60 deg

図 5.27 初期クランク角 0 (120) deg

ラツキに対応できるかを検証する．ここでは初期クランク角 61 deg，クランキング回転数 275 rpm，エンジンフリクション +10 %のバラツキを与えた．

図 5.28 に示すように，学習をしていないバラツキに対しても設計仕様を満たすエンジン始動が実現できていることがわかる．

このフィードフォワード入力列を加えた後，27 ステップ以降 JIT+GPC に切り替え，フィードバック制御部が各種バラツキに対応できるかを検証する．

図 5.29〜図 5.32 にシミュレーション結果を示す．

図 5.29 よりエンジン速度が目標速度 650 rpm に収束しており，バラツキ状況下でも設計仕様を満たすエンジン始動を実現できていることがわかる．これより，バラツキ問題に対しても JIT+GPC は有効であることがわかる．

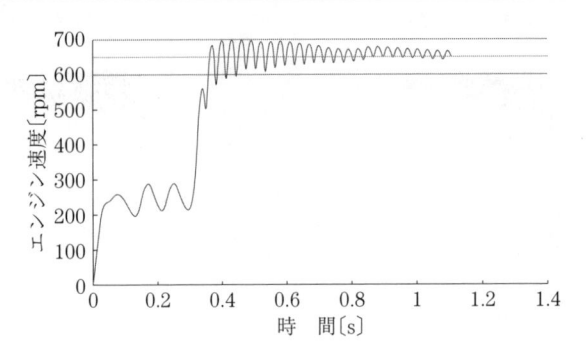

図 5.28 学習をしていないバラツキに対する挙動

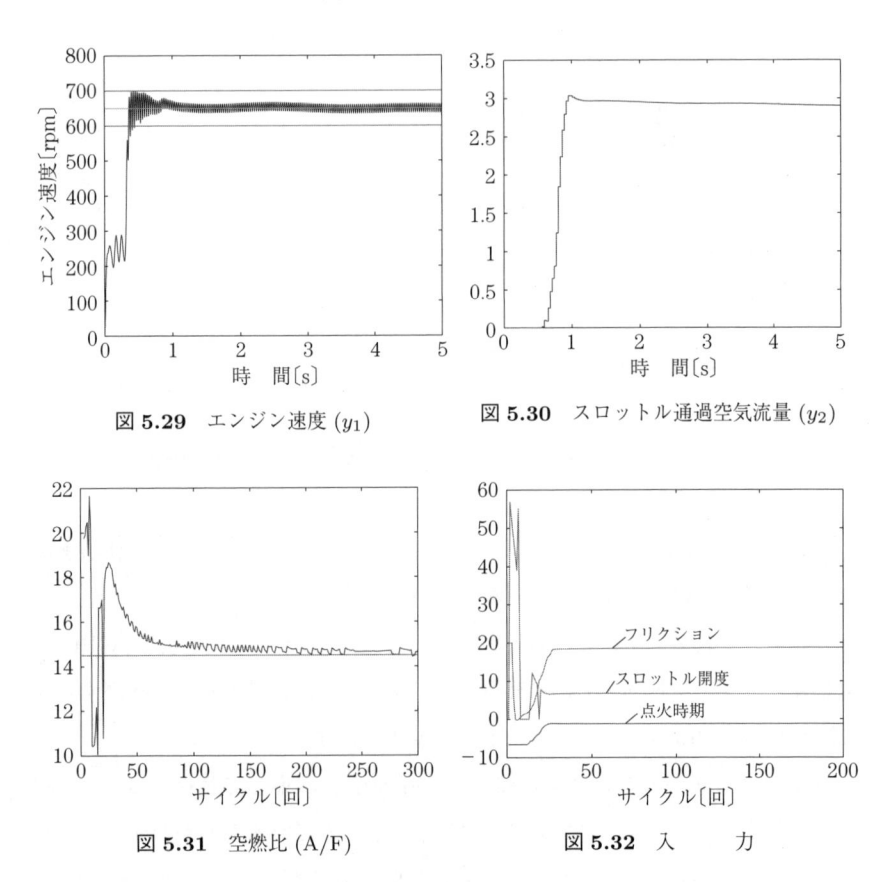

図 5.29 エンジン速度 (y_1)

図 5.30 スロットル通過空気流量 (y_2)

図 5.31 空燃比 (A/F)

図 5.32 入　　力

引用・参考文献

1) 岩崎信弘,安田恵一郎:群の平均速度に基づく適応型 Particle Swarm Optimization, 電気学会研究会資料, pp.69〜74 (2005)
2) Y. Kaneda and M. Yamakita : An Application of JIT Modeling and Control with a Nonlinear Local Model to IPMC Artificial Muscle Actuators, Proc. of SICE2005 (2005)
3) Y. Xu, J. Hu, K. Hirasawa, and X. Pang : A New Cooperative Approach to Discrete Particle Swarm Optimization, SICE Annual Conference (2007)
4) J. Li and X. Tao : Multi-Swarm and Multi-Best Particle Swarm Optimization Algorithm, Proc. of 7th world congress on intellignet control and automation (2008)
5) J. MClelland, D. Rumelhalrt, and The PDP research group : PARALLEL DISTRIBUTED PROCESSING, Vol. 1, Part II, pp.318〜362 (1986)
6) H. Akaike : Fitting Autoregressive Model for Prediction, Annals of the Institute of Statistical Mathematics, Vol. 21, pp.243〜247 (1969)
7) 六所俊博,山北昌毅:PSO によるフィードフォワード入力列探索と JIT モデリングによる GPC 適用, 第 36 回制御理論シンポジウム資料 (2007)
8) U. Kiencke and L. Nielsen : Automotive Control Systems For Engine, Driveline, and Vehicle, 2nd edition, Springer (2004)
9) A. Ohata, H. Inagaki, and T. Inoue : An Adaptive Fuel Injection Control with Internal Model in Automotive Engines, Industrial Electronics Society, IECON'90 16th Annual Conference of IEEE (1990)
10) Y. Musha, M. Yamakita, and G. Kinoshita : Comparative study of simultanous parameter-state estimations, Control Applications, Vol. 2, pp.1621〜1626 (2004)
11) L. Behera, S. Kumar, and A. Patnaik : On Adaptive Learning Rate That Guarantees Convergence in Feedforward Networks, IEEE Transaction on Neural Networks, Vol. 17, No.5, pp.1116〜1125 (2006)
12) T. Rokusho and M. Yamakita : Combined Feedforward and Feedback Control for Start-up Engine Control, Proc. of CCC2008 (2008)
13) T. Rokusho and M. Yamakita : Robust Combined Feedforward and Feedback Control for Start up Engine Control, Proc. of CCA2008 (2008)

6 吸気バルブリフト量に着目したエンジン制御

火花点火（spark ignition，略して SI）エンジンの始動制御問題およびトルクデマンド制御問題（6.2 節で説明）では，スロットル開度，点火時期，燃料噴射量を適切に制御することにより，オーバシュートを低減させ，エンジンを目標時間内に始動させることが可能となるが，過渡状態で点火時期を急激に変化させたことによってエンジン速度のハンチングが発生してしまうことがある．エンジン始動時の速度の吹き上がりをなくすためにはスロットル弁を極端に絞ることによって吸気室の圧力をできるだけ下げ，シリンダに吸入される空気量を減らす必要があるが，オーバシュートが小さくなる吸気圧になるまでスタータを回し続けたのでは，目標時間の条件を満たさなくなる．吸気の絞り弁としてスロットルを用いているエンジン制御ではオーバシュート低減と速応性改善はトレードオフの関係があり，このままでは制御性能の大幅な改善は見込めない．そこで，本章ではスロットル弁よりもシリンダに近い吸気バルブ，特にそのリフト量に着目し，上記の問題を解決する方法を，始動制御では離散時間極値探索制御[1]を，トルクデマンド制御ではセルフチューニング制御[2]ベースに提案する．

6.1 SI エンジン始動制御

まず，SI エンジン始動制御問題に対する，本提案手法による制御戦略を**表 6.1**に示す．本提案手法では燃費を最大限に考慮する．スロットル開度，吸気バルブ位相角，排気バルブ位相角は表 6.1 のように設定することでポンプ損失を最大限に低減し，低燃費化を図る[3]~[10]．また，点火時期は最大トルク点火時期（minimum spark advance for best torque，略して MBT）に設定することで燃料の持つ化学エネルギーを最大限トルクに変換することで燃費が向上する．スロットル開度，吸気バルブ位相角，排気バルブ位相角，点火時期をこのように設定

6.1 SI エンジン始動制御

表 6.1 本提案手法の制御戦略 (SI エンジン始動制御問題)

制御入力	制御手法，方策	役割，狙い
スロットル開度	フルスロットル ($u_{th} = 90$ deg)	ポンプ損失低減→燃費向上
点火時期	MBT に設定 ($u_{sa} = 15$ deg)	燃料の最適利用→燃費向上
燃料噴射量	吸気流量法＋逆モデル FF	空燃比制御，失火防止
吸気バルブ位相角	最大限に進角 ($u_{vti} = 50$)	オーバラップ増大 吸気弁早閉効果→燃費向上
排気バルブ位相角	最大限に遅角 ($u_{vte} = 50$)	ポンプ損失低減，排気改善
吸気バルブリフト量	離散型極値探索制御	アイドル速度の維持

した場合のアイドリング状態における p–V 線図を図 6.1 に示す．図 6.1 から，吸気行程において筒内圧が急激に落ちることなくポンプ損失が大幅に低減されていることがわかる．以下では表 6.1 における燃料噴射量は従来と同じように逆モデルを用いた FF（フィードフォワード）制御であるが，筒内吸入空気量の推定はスロットル通過空気流量を用いた吸気流量法により行う．また，吸気バルブのリフト量の制御には離散型の極値探索制御を用いる．

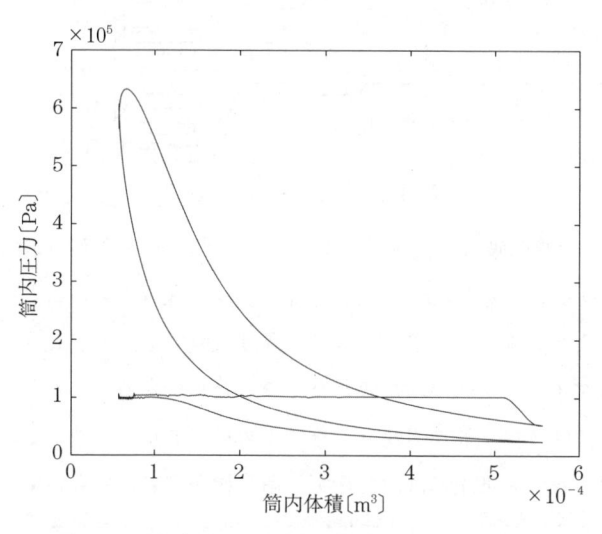

図 6.1 本提案手法の p–V 線図（アイドリング状態）

6.1.1 吸気流量法による筒内吸入空気量の推定

筒内空燃比を正確に理論空燃比[†]に制御するためには筒内吸入空気量 M_c を正確に知る必要がある。ここでスロットル通過空気流量を用いた吸気流量法[11),12)]による筒内吸入空気流量の推定について説明する。

（ 1 ） 吸気流量法　　吸気流量法は図 **6.2** に示すように，スロットル弁の上流に取り付けらた空気流量計で求めた流量 y_2 とエンジン速度 y_1 から求める方法である。6 気筒の SI エンジンでは各気筒の位相が 120 deg ずつずれて吸気を行い，1 サイクル（クランク角にして 720 deg）ですべての気筒が吸気を終える。よって，筒内吸入空気量の推定値 $\hat{M}_c$ は次式で表すことができる。

$$\hat{M}_c = \frac{4\pi m_c}{6 y_1} \tag{6.1}$$

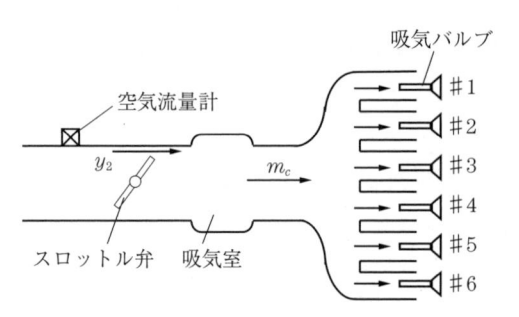

図 **6.2**　空気流量計の配置位置

ここで，m_c は筒内吸入空気流量である。エンジンの速度が一定の定常状態では式 (6.1) の m_c をスロットル通過空気流量 y_2 に置き換えることができ，精度よく筒内吸入空気流量を推定できるが，過渡状態では誤差が大きくなる。これは吸気室のダイナミクスが無視できなくなるためである。しかし，表 6.1 に示した本手法ではスロットル開度 u_{th} をフルスロットルにしているので，吸気室内の圧力はつねに大気圧とほぼ変らず，過渡状態においても精度よく推定できると考えられる。また，これまで用いられていたニューラルネットワークを用

[†] 供給した空気量と，その空気量を完全に燃焼させるために，理論上必要な最小燃料との質量比。理論混合比，量論比と同意語である。

いた筒内吸入空気流量の推定よりも，直感的にわかりやすいため，多くの自動車に実用化されてきた歴史を持ち信頼性も高い．よって，本提案手法では次式によって筒内吸入空気量を推定する．

$$\hat{M}_c = \frac{1}{\tau s + 1} \cdot \frac{4\pi y_2}{6 y_1} \tag{6.2}$$

ただし，式 (6.2) においては吸気流量を用いて求めた値を低域通過フィルタに通している．これは，スロットルを全開にしたことによって増大した吸気脈動の影響を低減するためである．ここではこの式を用いて目標筒内燃料量を計算し，従来法と同じく燃料モデルの逆モデルを用いたフィードフォワード制御によって燃料噴射量を制御する．

6.1.2 吸気バルブリフト量制御（離散型極値探索制御）

ここでは，離散型極値探索制御[13]~[15]を応用した吸気バルブリフト量コントローラについて説明する．従来法ではスロットル開度 u_{th} に摂動を加え，出力側に用意された評価関数 z を最小にすることが目的であった．評価関数 z においてはエンジン速度 y_1 とアイドル速度との誤差を考慮した z_1 が本質的であるが，エンジンは各気筒の位相が 120 deg ずつずれて離散事象的にトルクを発生することから，評価関数 z_1 には摂動信号の影響が現れにくい．したがって，離散的に発生するトルクによってエンジン速度に現れる高周波成分を高域通過フィルタで抽出し，これを摂動信号として代用しているが，本来は，エンジンと評価関数 z_1 を合わせて新たな評価関数とし，それを最適化する方が望ましい．このような考察から，本提案手法ではバルブのリフト量に離散事象的（120 deg ごと）に摂動を加え，エンジン速度 y_1 をサンプリング（120 deg ごと）することによってこの問題を解決する．

（1）**吸気バルブリフト量コントローラ** 図 6.3 に本提案手法による吸気バルブリフト量コントローラを示す．ここでは，吸気バルブリフト量 u_{vl} を $u_{vl} = \theta$ としている．さらに，u_{vl} 以外の制御入力も考慮したエンジンモデル（内部コントローラ付エンジンモデル）を次式で表している．

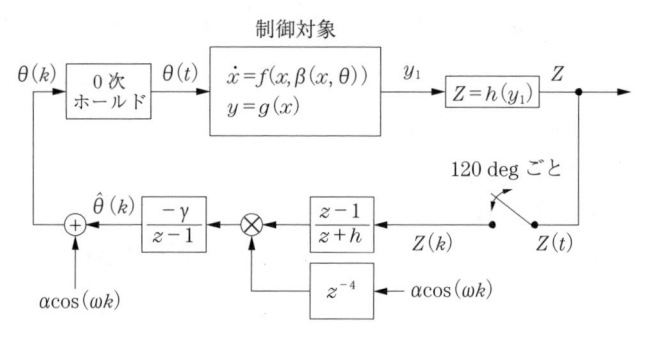

図 6.3 本提案手法の吸気バルブリフト量コントローラ

$$\dot{x} = f(x, \beta(x, \theta)) \tag{6.3}$$

$$y = g(x) \tag{6.4}$$

Z は評価関数を表し，ここでは次式のように与える．

$$Z = h(y_1) = A(y_1 - N_d)^2 \tag{6.5}$$

ただし，N_d は目標エンジン速度，y_1 はエンジン速度，A は重みである．また，評価関数 Z の値をエンジンのクランク角ベースで 120 deg ごとにサンプリングする．サンプリングされた値は高域通過フィルタを通して，その高調波成分を取り出し，摂動信号を4サンプルだけ遅らせた信号と乗算することで相関を取っている．ここで，サンプル間隔を 120 deg とし，摂動信号を4サンプル遅らせたことを説明する．

図 **6.4** にサンプル間隔と各行程との関係を示す．ここからわかるように吸気行程は 120 deg ずつずれて各シリンダで行われ，吸気 TDC（上死点）から膨張行程までは 120 deg を1サンプルとすると膨張行程は4サンプル後である．つまり，エンジンに入力した摂動信号の影響は4サンプル後に現れる．このことを考慮して，ここでは評価関数 Z の出力に摂動信号を4サンプルだけ遅らせた信号を掛けることによって相関が表れるように工夫している．

（**2**）**動 作 解 析**　　ここでは，提案した離散時間の極値探索法の動作確認を行う．1入力1出力の非線形システムをつぎのように定義する．

6.1 SI エンジン始動制御

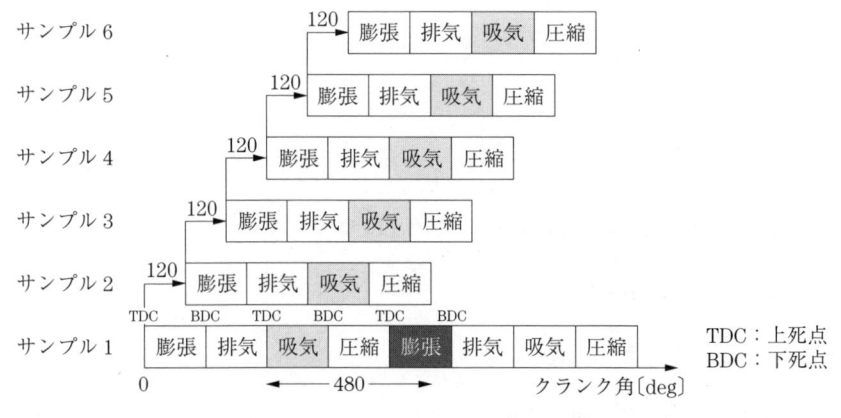

図 6.4 サンプル間隔と各行程との関係

$$\dot{x}(t) = f(x(t), \theta(t)) \tag{6.6}$$

$$z(t) = h \circ g(x(t)) \tag{6.7}$$

ここで，$x \in R^n, \theta \in R, y \in R$ は，それぞれ状態，入力，出力である．また，$f(x, \theta)$ と $g(x)$ は滑らかな関数であり，θ は唯一の極値を決定するパラメータである．ここでつぎの仮定を設ける．

仮定 1 つぎの滑らかな関数 $l : R \to R^n$ が存在する．

$$f(x, \theta(t)) = 0 \quad \leftrightarrow \quad x = l(\theta) \tag{6.8}$$

仮定 2 それぞれの $\theta \in R$ について，システムの平衡状態 $x = l(\theta(t))$ は局所的に指数的安定である．

仮定 3 評価関数は近似的に $Z(k) = J(\theta(k-4))$ と表される．

仮定 4 つぎのような θ^* が存在する（ここでは最小化を考えている）．

$$\frac{\partial J}{\partial \theta}(\theta^*) = 0, \quad \frac{\partial^2 J}{\partial \theta^2}(\theta^*) > 0 \tag{6.9}$$

したがって，$Z(k) = J(\theta(k-4))$ は $\theta = \theta^*$ で最小値になる．ただし，θ^* は未知である．仮定 4 を満足する関数として，2 次のテイラー展開より次式が成り立つ．

$$J(\theta) = J^* + \frac{J''}{2}(\theta - \theta^*)^2 \tag{6.10}$$

ここで

$$\tilde{\theta} \triangleq \theta^* - \hat{\theta} \tag{6.11}$$

と定義し，$\theta = \hat{\theta} + a\cos\omega k$ より，式 (6.11) は

$$\theta - \theta^* = a\cos\omega k - \tilde{\theta} \tag{6.12}$$

となる．式 (6.12) より，式 (6.10) は

$$J(k) = J^* + \frac{J''}{2}(\tilde{\theta} - a\cos\omega k)^2 \tag{6.13}$$

となる．ここで

$$2\cos^2\omega k = 1 + \cos 2\omega k \tag{6.14}$$

という関係を用いると，式 (6.13) はつぎのように展開できる．

$$J(k) = J^* + \frac{a^2 J''}{4} + \frac{a^2 J''}{4}\cos 2\omega k - aJ''\tilde{\theta}\cos\omega k + \frac{J''}{2}\tilde{\theta}^2 \tag{6.15}$$

局所的な解析を行うため，上式の $\tilde{\theta}$ の 2 次以上の項を無視する．このとき，$Z(k)$ は以下で表現できる．

$$Z(k) = J^* + \frac{a^2 J''}{4} + \frac{a^2 J''}{4}\cos 2\omega(k-4) - aJ''\tilde{\theta}\cos\omega(k-4) \tag{6.16}$$

さらに，高域通過フィルタによって定数項が除去され

$$\frac{z-1}{z+h}Z(k) \approx \frac{a^2 J''}{4}\cos 2\omega(k-4) - a\tilde{\theta}J''\cos\omega(k-4) \tag{6.17}$$

となる．この信号と $a\cos\omega(k-4)$ を乗算することにより次式を得る．

$$a\cos\{\omega(k-4)\}\frac{z-1}{z+h}Z(k)$$
$$\approx \frac{a^3 J''}{4}\cos\{\omega(k-4)\}\cos\{2\omega(k-4)\} - a^2\tilde{\theta}J''\cos^2\{\omega(k-4)\} \tag{6.18}$$

式 (6.18) に以下の公式

$$2\cos\{\omega(k-4)\}\cos\{2\omega(k-4)\}$$
$$= \cos\{3\omega(k-4)\} + \cos\{\omega(k-4)\} \tag{6.19}$$

$$2\cos^2\{\omega(k-4)\} = 1 + \cos\{2\omega(k-4)\} \tag{6.20}$$

を用いて，次式を得る．

$$a\cos(\omega(k-4))\frac{z-1}{z+h}Z(k) \approx -\frac{a^2J''}{2}\tilde{\theta} - \frac{a^2J''}{2}\tilde{\theta}\cos(2\omega(k-4))$$
$$+ \frac{a^3J''}{8}\left(\cos(\omega(k-4)) + \cos(3\omega(k-4))\right) \tag{6.21}$$

式 (6.21) の高周波成分は加算器によって除去される．よって，$\hat{\theta}$ は

$$\hat{\theta} \approx \frac{\gamma}{z-1}\left[\frac{a^2J''}{2}\tilde{\theta}\right] \tag{6.22}$$

式 (6.11) を用い，θ^* が定数であることから

$$\tilde{\theta}(k+1) \approx \left(1 - \frac{\gamma a^2 J''}{2}\right)\tilde{\theta}(k) \tag{6.23}$$

ここで，γ, a を

$$\frac{\gamma a^2 J''}{2} < 1 \tag{6.24}$$

となるように設計すれば，$\hat{\theta}$ は極値を実現する θ^* の近傍に収束する．

6.1.3 シミュレーション結果と考察

ここではこれまで述べた本提案手法を用いたときのシミュレーション結果を示す．エンジンモデルは本書付録で紹介するベンチマーク問題用の検証モデルを用いた．

（1）ベンチマーク問題　エンジンは始動時 0 rpm であり，着火するまではスタータモータによって 250 rpm 付近に制御される．また，エンジン始動の環境として外気温度を常温の 25°C とし，エンジン内部の冷却水温やポート，バルブ温度などの初期値も 25°C とする．パラメータはつぎのとおりである．

- 初期条件

  エンジン速度：$y_1(0) = 0$ rpm

  1番気筒のクランク角：$\theta_c(0) = 0$ deg

- コントローラのパラメータ

  吸気バルブリフト量コントローラ：$A = 1$, $h = 0.1$, $\omega = 0.9\pi$, $a = 0.001$, $\gamma = -0.001$

  燃料噴射コントローラ：$h_p = 4.286 \times 10^{-2}$, $h_v = 5.714 \times 10^{-1}$, $\tau = 0.01$

ここで，スタータモータにより制御される速度（クランキング回転数 n_c），フリクショントルク T_f に対してはつぎのようなバラツキを与える．

- クランキング回転数 n_c

$$\|n_c(t) - 250\| \leq 50$$

- フリクショントルク T_f

$$\left\| \frac{T_f - T_{fs}}{T_{fs}} \right\| \leq 0.2 (\pm 20\%)$$

ただし，T_{fs} はノミナルモデルのフリクショントルクである．

（2） **結果と考察**　　以下に本提案手法を用いたシミュレーション結果を示す．図 **6.5**〜図 **6.8** に示すように，スロットルはフルスロットル，点火時期は

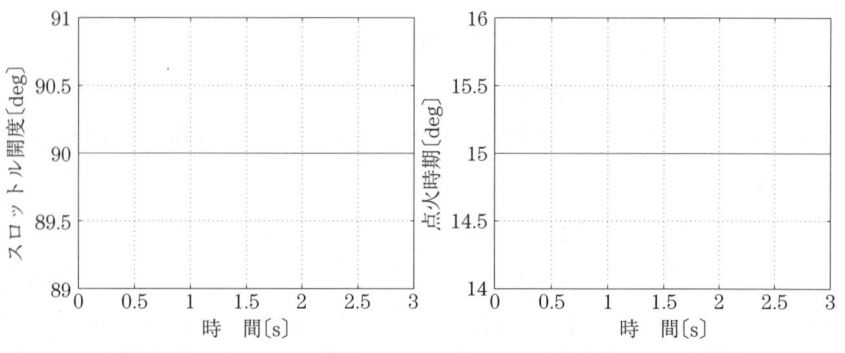

図 **6.5**　本提案手法のスロットル開度 u_{th}

図 **6.6**　本提案手法の点火時期 u_{s_a1}

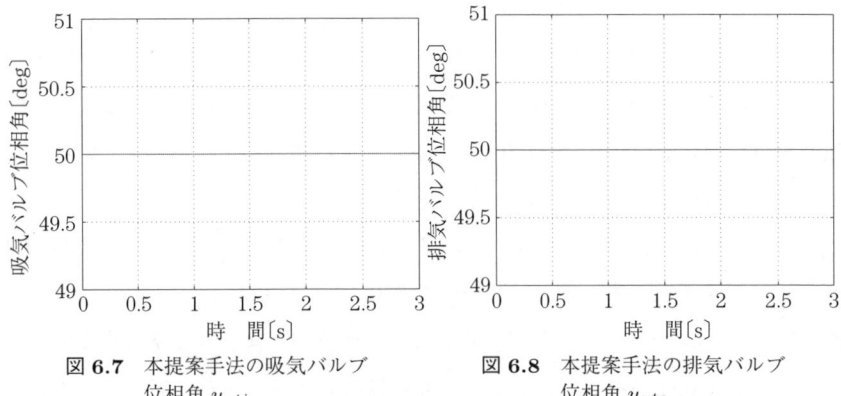

6.1 SI エンジン始動制御

図 6.7 本提案手法の吸気バルブ位相角 u_{vti}

図 6.8 本提案手法の排気バルブ位相角 u_{vte}

MBT, 吸気バルブ位相角, 排気バルブ位相角はオーバラップが最大になるように設定されている. これらの入力の設定はおもにポンプ損失を低減させることで燃費の向上を図ることが目的である. 図 **6.9** に燃料噴射量を示す. エンジン始動時の過渡状態, アイドリング状態ともに燃料噴射量を減らせていることがわかる. これは, エンジン始動時に吸気バルブ量をあらかじめ絞っておくことによって, シリンダ内に過剰な空気が流入されるのを防ぐこと, また点火時期を MBT にしたことによって燃料の化学エネルギーを最大限にトルクに変換できたこと, さらに吸気弁の早閉じ効果によるポンプ損失の低減がおも

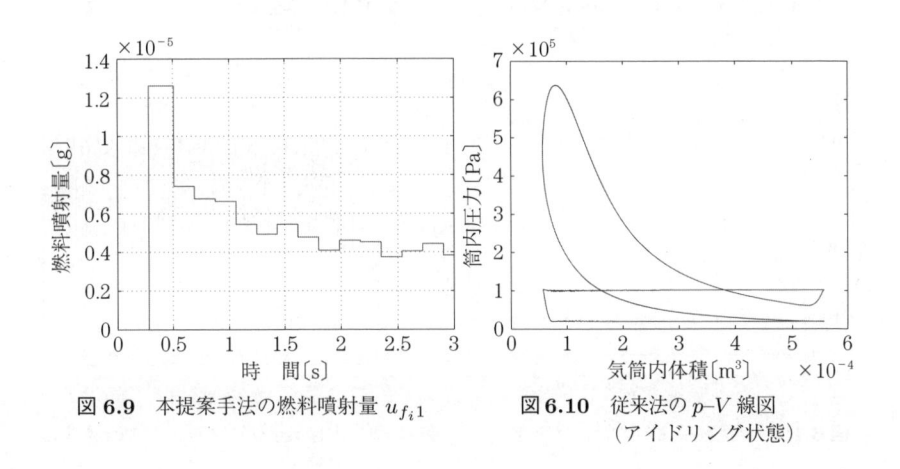

図 6.9 本提案手法の燃料噴射量 $u_{f_i 1}$

図 6.10 従来法の p–V 線図（アイドリング状態）

な要因である．従来法と本提案手法のアイドリング状態での p–V 線図を図 **6.10**，図 **6.11** に示す．この図からわかるように，本提案手法においてはポンプ損失が大きく低減されている．図 **6.12** に吸気バルブリフト量を示す．ここでは，離散型極値制御を 10 サンプル目からコントローラの積分器を作動させている．また，摂動信号は初期時刻から印加してある．

このコントローラによってエンジンがアイドリング状態に保たれる．図 **6.13** にエンジン速度を示す．エンジン速度は約 0.4 秒で，650 ± 50 rpm に到達し，約 0.5 秒で 650 rpm に収束している．また，オーバシュートも見られない．また，エンジン速度のハンチングもなく非常にスムーズに始動しており，エンジ

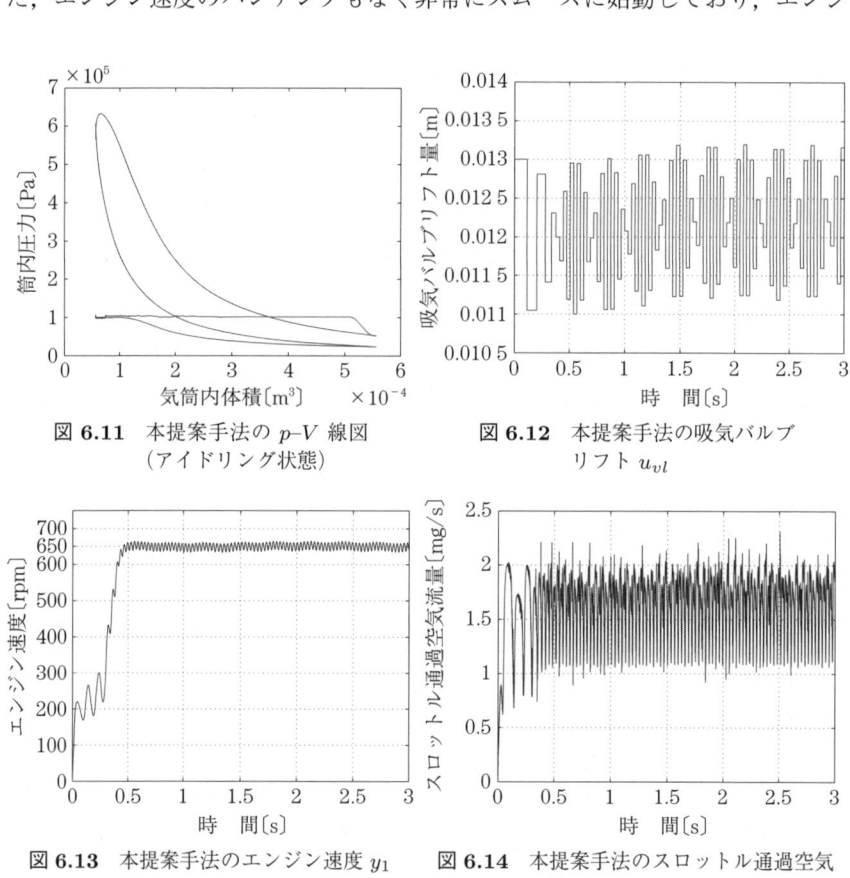

図 **6.11** 本提案手法の p–V 線図（アイドリング状態）

図 **6.12** 本提案手法の吸気バルブリフト u_{vl}

図 **6.13** 本提案手法のエンジン速度 y_1

図 **6.14** 本提案手法のスロットル通過空気流量 y_2

ンの始動性を大幅に改善できたといえる．図 **6.14**，図 **6.15** にスロットル通過空気流量とクランク角を示す．また図 **6.16**，図 **6.17** に筒内吸入空気量推定値および空燃比を示す．吸気バルブに摂動を加えたことによる両者の若干の振動はあるものの，失火することなく理論空燃比付近を維持できている．

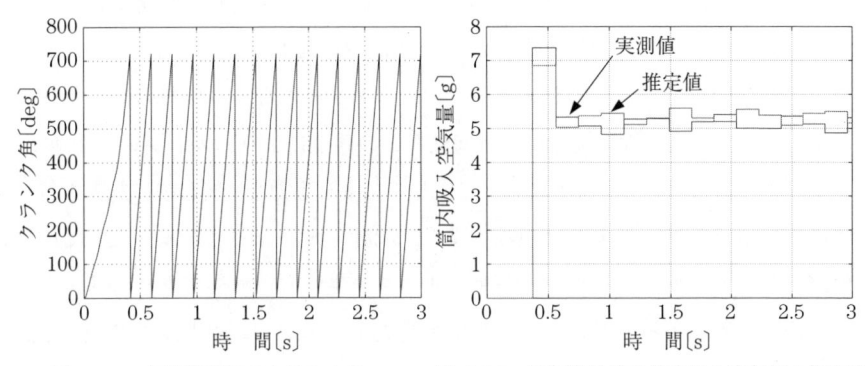

図 6.15 本提案手法のクランク角 y_3

図 6.16 吸気流量法の筒内吸入空気量の推定値

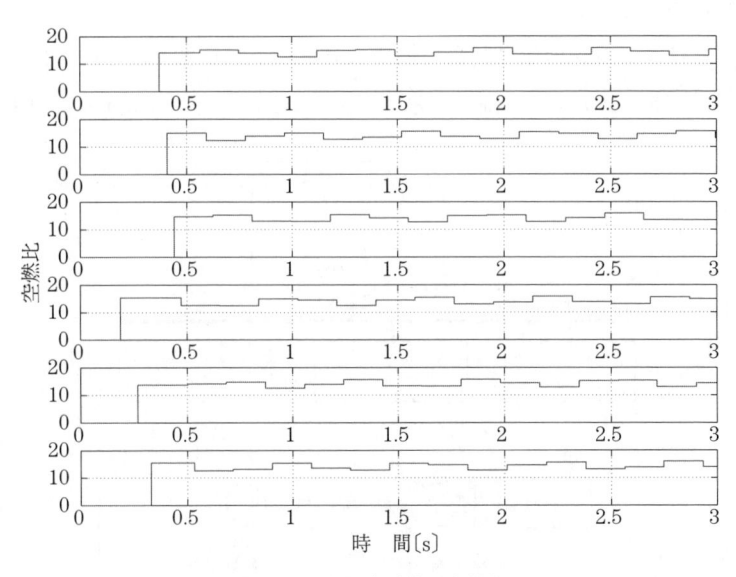

図 6.17 本提案手法の空燃比

6.2　SI エンジンのトルクデマンド制御

近年，制御対象はエンジンのみならず，車両全体に及びつつある。エンジン，ブレーキ，ステアリングなどを協調して電子制御する車両統合制御システムの研究が盛んに行われ，一部実用化されている[16]。図 **6.18** に車両統合制御システムの概念図を示す。このシステムでは，マスターとなる車両統合コントローラが，安全性，環境性，動力性，快適性などの観点により，エンジン，変速機，ブレーキなどに対し，ネットワークを介して指令を出力し，統合的に制御を行っている。ネットワーク上では駆動トルク，制動トルクなど，トルク次元での通信が行われるため，エンジンは駆動トルクを発生するためのアクチュエータとして扱われる。よって，エンジン制御の構成を，エンジンのトルク管理に主眼をおいた，トルクデマンド制御にする必要があり，トルクを高精度に制御する重要性が増している。

ここではエンジンの始動制御と同様に吸気バルブリフト量の役目に注目し，エンジンのトルクデマンド制御における制御手法について説明する。以下では，

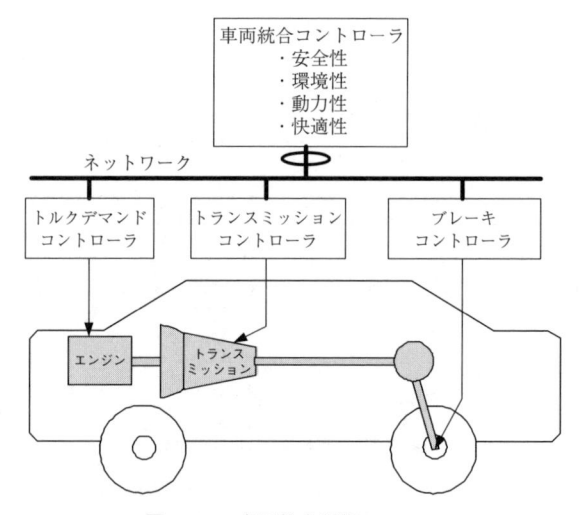

図 **6.18**　車両統合制御システム

6.2 SI エンジンのトルクデマンド制御

まずエンジンのトルクデマンド制御の問題設定を行い，その一解法について説明する．

6.2.1 問題設定

図 **6.19** に示すように，制御対象は 3.0 リットル V 型 6 気筒の SI エンジンであり，16 入力，5 出力のシステムである．入力はスロットル開度 $u_{th} \in R^1$，各気筒ごとの点火時期 $u_{sa} \in R^6$，各気筒ごとの燃料噴射量 $u_{fi} \in R^6$，吸気バルブ位相角度 $u_{vti} \in R^1$，排気バルブ位相角度 $u_{vte} \in R^1$，吸気バルブリフト量 $u_{vl} \in R^1$ からなり，出力はエンジン速度 $y_1 \in R^1$，スロットル通過空気流量 $y_2 \in R^1$，クランク角 $y_3 \in R^1$，左バンク空燃比センサ出力 $y_4 \in R^1$，右バンク空燃比センサ出力 $y_5 \in R^1$ からなる．始動制御では空燃比をフィードバックできなかったがトルクデマンド制御では空燃比を利用できるとする．

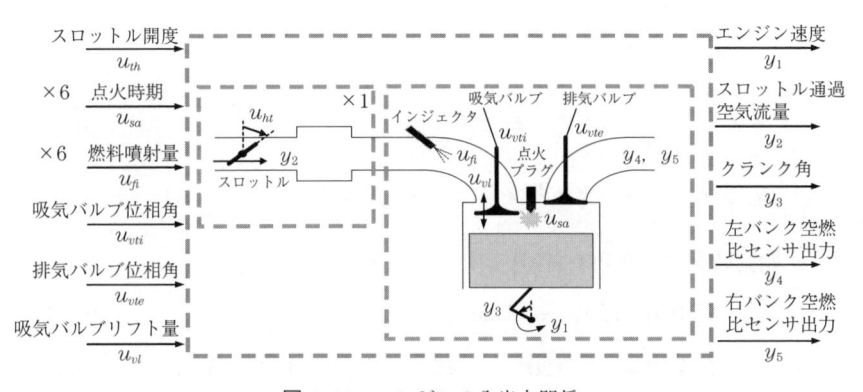

図 **6.19** エンジンの入出力関係

エンジンの入出力関係は非線形システムとして以下のように定式化される．

$$\frac{d}{dt}x(t) = f(x(t), u(t,k)), x(0) = x_0 \tag{6.25}$$

$$u(t,k) = [u_{th}(t), u_{sa}(k), u_{fi}(k), u_{vti}(t), u_{vte}(t), u_{vl}(t)]^{\mathrm{T}} \tag{6.26}$$

$$y(t) = [y_1(t), y_2(t), y_3(t), y_4(t), y_5(t)]^{\mathrm{T}} = g(x(t), u(t,k)) \tag{6.27}$$

ここで，$x \in R^n$ はエンジンの状態を示す．制御目標をつぎに示す．

6. 吸気バルブリフト量に着目したエンジン制御

- 軸トルクが 0.5 秒以内に目標値 ±10 Nm に落ち着くこと．
- 軸トルクが目標値に漸近すること．
- 目標値がステップ変化しても上記を満たすこと．

ここで，エンジンの軸トルク T_e とは燃焼によって得られるエンジン実トルク T_i から，損失分であるフリクショントルク T_f を差し引いた値であり，つぎの式で定義される．

$$T_e(t) = T_i(t) - T_f(t) \tag{6.28}$$

$$T_i(t) = \sum_{i=1}^{6} P_c^i(t) \frac{dv_{cyl}^i}{d\theta} \tag{6.29}$$

ここで，P_c^i は筒内圧，v_{cyl}^i は筒内体積，θ はクランク角を表す．上添え字 i は i 番気筒を意味する．また，始動制御と同様につぎのようなエンジンのバラツキが与えられている．

- エンジンのフリクション T_f

$$\left\| \frac{T_f - T_{fs}}{T_{fs}} \right\| \leq 0.2 \, (\pm 20\,\%) \tag{6.30}$$

T_{fs}：ノミナルモデルのフリクショントルク

- 始動時クランク角 $CA(0)$ (オンボードで計測可能)

$$CA(0) = 120\,i \longrightarrow 1.28\,\% \tag{6.31}$$

$$CA(0) = 60 + 120\,i \longrightarrow 15.4\,\%, \quad i = 0, 1, 2, 3, 4, 5 \tag{6.32}$$

- クランキング回転数 n_c

$$\|n_c(t) - 250\| \leq 50 \text{ rpm} \tag{6.33}$$

6.2.2 吸気バルブリフト量に注目したトルクデマンド制御

トルクデマンド制御における本提案手法の制御戦略を表 **6.2** に示す．

ここでは吸気バルブリフト量に着目し，エンジンの軸トルクを制御する．点火時期は MBT に設定することで燃料の持つ化学エネルギーを最大限にトルク

表 6.2 本提案手法の制御戦略(トルクデマンド制御問題)

制御入力	制御手法,方策	役割,狙い
スロットル開度	フルスロットル (u_{th} = 90 deg)	ポンプ損失低減→燃費向上
点火時期	MBT に設定 (u_{sa} = 15 deg)	燃料の最適利用→燃費向上
燃料噴射量	逆モデル FF + PI 制御	空燃比制御,失火防止
吸気バルブ位相角	最大限に進角 (u_{vti} = 50 deg)	吸気弁早閉効果→燃費向上
排気バルブ位相角	最大限に遅角 (u_{vte} = 50 deg)	オーバラップ増大 ポンプ損失低減,排気改善
吸気バルブリフト量	セルフチューニング制御 (STC)	要求トルクの実現

に変換する。スロットル開度は全開にし,吸気バルブ位相角を最大限に進角することでポンプ損失の低減を図る。また,排気バルブを最大限に遅角することで,オーバラップを最大にし,排気ガス再循環 (exhaust gas recirculation, 略して EGR) を増加させることによって排気の改善効果も期待できる。燃料噴射量制御では左右バンクの空燃比がフィードバック可能なことから PI 補償を加えることで,筒内吸入空気量の推定誤差による空燃比の理論空燃比との定常偏差をなくす。さらに,スミスのむだ時間補償[17]~[19]を用いたセルフチューニング制御 (self-tuning control, 略して STC)[2],[20] によってエンジンのトルク制御を行う。

(1) 軸トルクの推定 エンジンの軸トルクは直接検出できない値である。したがって,エンジンのトルクデマンド制御を行うためには軸トルクの推定が必要不可欠である。そこで以下ではフィードバック可能な値を用いてエンジンの軸トルクの推定を行うトルク推定器について説明する。軸トルクの推定において重要となるのは次式のエンジン速度のダイナミクスである。

$$J\frac{dy_1(t)}{dt} = T_e^*(t) - T_l^*(t) \tag{6.34}$$

ここで,T_e^* は軸トルクの真値,T_l^* は負荷トルクの真値を表す。式 (6.34) において,エンジン速度 y_1 と T_l^* がわかれば軸トルクを推定することができる。負荷トルク T_l^* はエンジンに直結されているトルクコンバータからの負荷トルクであり,つぎの式で表せる。

$$T_l^* = C(e) y_1^2 \tag{6.35}$$

$$e = \frac{y_1}{\omega_o} \tag{6.36}$$

ここで，ω_o はトルクコンバータのアウトプットシャフトの回転速度，e はスリップ比，C は容量係数を表し，容量係数はスリップ比のマップ関数である．駆動系のねじり剛性や加重移動の影響は非常に小さいことから無視し，さらにタイヤのスリップを無視した場合，トルクコンバータのアウトプットシャフトの回転速度 ω_o と車両速度 V の間にはつぎの関係が成り立つ．

$$\omega_o(t) = k_g V(t) \tag{6.37}$$

ここで，k_g はギヤ比である．車両速度は通常の自動車であれば測定可能な量であるので式 (6.37) と式 (6.35)，式 (6.36) より結局，負荷トルクを次式で表すことができる．

$$T_l^*(t) = \mathrm{map}(y_1, V) y_1^2 \tag{6.38}$$

式 (6.34)，式 (6.38) を用いて次式により軸トルクを推定することができる．

$$T_e^* = J\dot{y}_1 + \mathrm{map}(y_1, V) y_1^2 \tag{6.39}$$

しかしながら，式 (6.39) のようにエンジン速度の微分をそのまま用いることは測定雑音や外乱の存在上，好ましくない．この問題は式 (6.39) の両辺にフィルタ

$$\frac{1}{\tau_e s + 1} \tag{6.40}$$

を掛けることによって解決できる．よって，軸トルクは最終的に以下の推定器によって推定する．

$$T_e \equiv \frac{1}{\tau_e s + 1}[T_e^*] = \frac{s}{\tau_e s + 1}[Jy_1] + \frac{1}{\tau_e s + 1}\left[\mathrm{map}(y_1, V) y_1^2\right] \tag{6.41}$$

ここで，T_e は軸トルクの真値 T_e^* の推定値であり，τ_e は設計パラメータである．

（**2**）**吸気バルブリフト量制御**　　吸気バルブリフト量を用いたトルクデマンド制御では，これまでに述べたトルク推定器の推定トルク T_e を目標値に制

御することを考える。制御手法はエンジンサイクルによって発生するむだ時間の影響を考え,スミスのむだ時間補償を用いたセルフチューニング制御である。以下ではまず,吸気バルブリフト量 u_{vl} と推定軸トルク T_e の関係を表す数式モデルを導出し,そして吸気バルブリフト量コントローラについて説明する。

(a) 軸トルクの数式モデル　ここでは,吸気バルブリフト量と推定軸トルクとの関係を表す数式モデルを導出する。ここで導出する数式モデルは平均値モデル (MVM) [21)~23)] の概念に基づいている。MVM ではエンジンの間欠的な現象を1サイクル間で平均することで記述を簡単にする。数式モデルの導出の際には,エンジンのフリクショントルクは影響が小さいので無視する。

まず,単一シリンダで1回の吸気行程で吸入される空気量を $M_c(t)$ とする。このとき,1サイクルで6つのシリンダすべてが吸気を完了することから,1サイクルでの平均トルク $\overline{T}_e^*$ は次式で表せる。

$$\overline{T}_e^*(t) = \frac{6QM_c(t)}{4\pi} \tag{6.42}$$

ここで,Q は単位燃料当りのエネルギーである。つぎに,筒内吸入空気量 $M_c(t)$ と筒内吸入空気流量 $m_c(t)$ の間にはつぎの関係が成り立つ。

$$M_c(t) = \frac{\theta_{in} m_c(t)}{y_1(t)} \tag{6.43}$$

ここで,θ_{in} はクランク角次元での吸気行程期間である。さらに,筒内吸入空気流量 $m_c(t)$ と吸気バルブリフト量 u_{vl} との間には,おおよそつぎの関係が成り立つ。

$$m_c(t) = au_{vl}(t) \tag{6.44}$$

ここで,a は定数である。式 (6.42)〜(6.44) より平均トルク $\overline{T}_e^*$ はつぎの式で表せる。

$$\overline{T}_e^*(t) = \frac{6Q\theta_{in}a}{4\pi} \frac{u_{vl}(t)}{y_1(t)} \tag{6.45}$$

実際には吸気開始から膨張開始まではトルク生成は起こらないことから,むだ時間が存在する。このむだ時間の影響を考慮するとつぎの数式モデルが導出で

きる．

$$T_e^*(t) = e^{-\tau_d s}\overline{T}_e^*(t) = \frac{6Q\theta_{in}a}{4\pi}e^{-\tau_d s}\left[\frac{u_{vl}(t)}{y_1(t)}\right] \tag{6.46}$$

$$\tau_d \equiv \frac{2\pi}{y_1(t)} \tag{6.47}$$

式 (6.46), 式 (6.41) より, 推定軸トルクと吸気バルブリフト量の関係を表す数式モデルは次式で表せる．

$$T_e(t) = \frac{k^*}{\tau s + 1}e^{-\tau_d s}\left[\frac{u_{vl}(t)}{y_1(t)}\right] \tag{6.48}$$

$$k^* \equiv \frac{6Q\theta_{in}a}{4\pi} \tag{6.49}$$

ここで，k^* は定数であるが，その値は燃料の特性，大気の温度や圧力といった外部環境の影響，空燃比，吸気バルブの製品間のバラツキ，エンジンの経時変化といったさまざまな要因によって変化する値であるため，未知パラメータである．

（**b**）**吸気バルブリフト量コントローラ**　　ここでは，式 (6.48) の軸トルクの数式モデルに基づいて吸気バルブリフト量コントローラを設計する．ここでは，式 (6.48) において定数 k^* は未知パラメータとし，適応パラメータ同定によって k^* の推定値 $\hat{k}(t)$ を生成し，この推定値を用いてスミスのむだ時間補償器を設計する．この方法は適応制御におけるセルフチューニング制御を吸気バルブリフト量を用いたトルクデマンド制御に応用したものである．また，軸トルクの真値は検出できないので，その推定値 T_e を制御量とする．図 **6.20** に吸

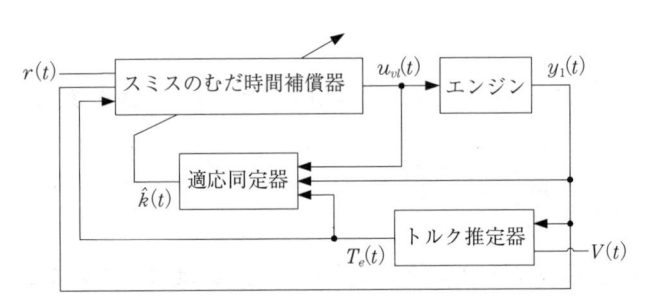

図 **6.20**　吸気バルブリフト量コントローラ

気バルブリフト量コントローラの構造を示す．以下では，まず図 6.20 の適応同定器の設計について説明する．

式 (6.48) で記述されるプラントは次式のように書き改められる．

$$T_e(t) = k^* \phi(t) \tag{6.50}$$

$$\phi(t) \equiv \frac{1}{\tau s + 1} e^{-\tau_d s} \begin{bmatrix} u_{vl}(t) \\ y_1(t) \end{bmatrix} \tag{6.51}$$

未知パラメータ k^* の同定において，式 (6.50) の表現に対応してつぎの同定モデルを構成する．

$$\hat{T}_e(t) = \hat{k}(t) \phi(t) \tag{6.52}$$

式 (6.50) から式 (6.52) を引くと，次式の誤差方程式が得られる．

$$\varepsilon(t) \equiv T_e(t) - \hat{T}_e(t) = \tilde{k}(t) \phi(t) \tag{6.53}$$

$$\tilde{k}(t) \equiv k^* - \hat{k}(t) \tag{6.54}$$

この誤差方程式に対して，$\hat{k}(t)$ を調整するための適応則としてつぎの正規化適応則を用いることができる．

$$\dot{\hat{k}}(t) = \left(-\dot{\tilde{k}}(t)\right) = \frac{\gamma \phi(t) \varepsilon(t)}{1 + \phi^2(t)}, \quad \gamma > 0 \tag{6.55}$$

ここで，γ は適応ゲインである．外生信号の PE 性を仮定すれば，式 (6.55) の適応則によって，$\hat{k}(t)$ は真値 k^* へ収束することが期待できる．

以下では $\hat{k}(t)$ を用いたスミスのむだ時間補償器を設計する．**図 6.21** にスミスのむだ時間補償器の構造を示す．図において $G_c(s)$ は安定化補償器であり，$\hat{G}(s)$ は次式で与える．

$$\hat{G}(s) = \hat{k} \cdot \frac{1}{\tau s + 1} \tag{6.56}$$

$\hat{G}(s)$ を通して図 6.21 の内側のループで出力の予測制御を行い，外側のループでむだ時間経過後に現れる実際の出力を相殺して予測制御への影響をなくし，外乱やモデル誤差の補償を行う．適応パラメータ $\hat{k}(t)$ が真値 k^* へ収束すると

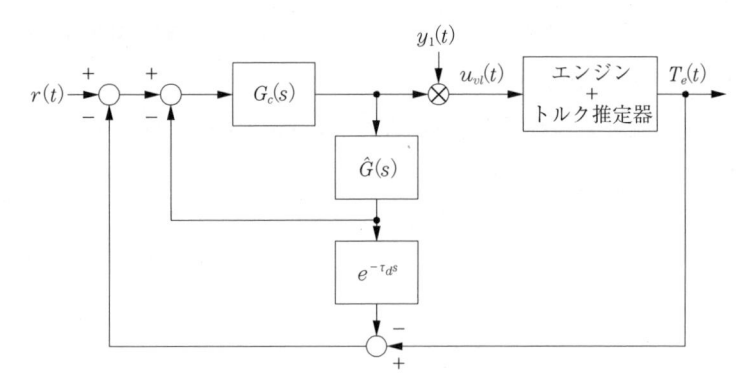

図 6.21 スミスのむだ時間補償器

いう条件のもとでは，図 6.21 のエンジン＋トルク推定器ブロックの伝達関数は $\hat{G}(s)e^{-\tau_d s}$ と表すことができる．このとき，目標値 r から制御出力 T_e までの伝達関数は次式で表せる．

$$\frac{T_e(s)}{r(s)} = \frac{G_c(s)\hat{G}(s)}{1+G_c(s)\hat{G}(s)}e^{-\tau_d s} \tag{6.57}$$

$$= \frac{G_c(s)\dfrac{\hat{k}}{\tau s+1}}{1+G_c(s)\dfrac{\hat{k}}{\tau s+1}}e^{-\tau_d s} \tag{6.58}$$

ここで，安定化補償器 $G_c(s)$ を

$$G_c(s) = \frac{\lambda(\tau s+1)}{\hat{k}s}, \quad \lambda > 0 \tag{6.59}$$

と設計すれば，式 (6.58) は

$$\frac{T_e(s)}{r(s)} = \frac{\lambda}{s+\lambda}e^{-\tau_d s} \tag{6.60}$$

となる．このとき，目標値ステップ信号（目標トルク）

$$r(s) = \frac{a}{s}, \quad a = \text{const.} \tag{6.61}$$

に対して，最終値の定理より $t \to \infty$ で $T_e \to a$ となる．以上をまとめて，最終的な制御入力 u_{vl} は次式で表せる．

6.2 SI エンジンのトルクデマンド制御　　141

$$u_{vl}(t) = \frac{\lambda}{\hat{k}} \frac{\tau s + 1}{s + \lambda(1 - e^{-\tau_d s})} [e(t)] \cdot y_1(t) \tag{6.62}$$

ただし，$e = r - T_e$ である．

（3）**燃料噴射制御**　　トルクデマンド制御における燃料噴射制御では逆モデルによるフィードフォワード (FF) 制御に PI 制御を加えたものである．逆モデルによる FF 制御は燃料の基本噴射量を決めるもので，構造は始動制御で述べたものと同じである．始動制御では空燃比をフィードバックできなかったが，トルクデマンド制御では左右バンク空燃比が検出可能である．そこで，新たに PI 制御を加える．このことによって，筒内吸入空気量の推定誤差などによる空燃比の理論空燃比からの定常偏差をなくす効果が期待できる．

（a）**燃料噴射コントローラ**　　図 **6.22** に i 番気筒の燃料噴射コントローラの構成を示す．以下では上添え字 i は気筒番号を示すものとする．燃料噴射コントローラは逆モデルによる FF 制御器と PI 制御器からなる．前述した吸気流量法を用いて次式で筒内吸入空気量 $\hat{M}_c$ を推定する．

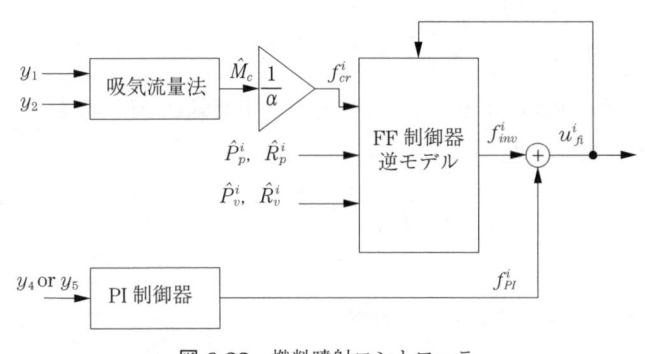

図 **6.22**　燃料噴射コントローラ

$$\hat{M}_c = \frac{1}{\tau s + 1} \left[\frac{4\pi y_2}{6 y_1} \right] \tag{6.63}$$

推定筒内吸入空気量 $\hat{M}_c$ から次式で目標筒内燃料量 f_{cr}^i を計算する．

$$f_{cr}^i = \frac{\hat{M}_c}{\alpha} \tag{6.64}$$

ここで、α は理論空燃比 (=14.5) である。そして燃料モデルの逆モデル

$$f_{inv}^i(k) = \frac{f_{cr}^i - (1-\hat{P}_p)\hat{f}_{wp}^i(k) - (1-\hat{P}_v)\hat{f}_{wv}^i(k)}{1-\hat{R}_p-\hat{R}_v} \tag{6.65}$$

$$\hat{f}_{wp}^i(k) = \hat{P}_p \hat{f}_{wp}^i(k-1) + \hat{R}_p u_{fi}^i(k-1) \tag{6.66}$$

$$\hat{f}_{wv}^i(k) = \hat{P}_v \hat{f}_{wv}^i(k-1) + \hat{R}_v u_{fi}^i(k-1) \tag{6.67}$$

を用いて基本燃料噴射量を決定する。ここで、ポートおよびバルブの燃料残留率 $\hat{P}_p^i$, $\hat{P}_v^i$, 燃料付着率 $\hat{R}_p^i$, $\hat{R}_v^i$ はエンジン暖機後にはほぼ一定であることから、定数で近似できる。PI制御器では左右バンクの空燃比 y_4, y_5 と理論空燃比 α との誤差 e^i をとり、この誤差に基づいて燃料噴射量の修正を行う。制御則は次式で表せる。

$$f_{PI}^i(k) = k_P e^i(k) + k_I \sum e^i(k) \tag{6.68}$$

$$e^i(k) \equiv y_{AF}(k) - \alpha \tag{6.69}$$

$$y_{AF} \equiv \begin{cases} y_4(k), & i=1,3,5 \\ y_5(k), & i=2,4,6 \end{cases} \tag{6.70}$$

最終的には逆モデルによるフィードフォワード制御とPI制御を足し、次式で燃料噴射量を制御する。

$$u_{fi}^i(k) = f_{inv}^i(k) + f_{PI}^i(k) \tag{6.71}$$

6.2.3 ベンチマークテストと考察

ここでは以上で述べた制御法を用いたときのシミュレーション結果を示す。エンジンモデルは本書付録で与えるシミュレータを用いた。

（1）シミュレーション条件　シミュレーションでは、エンジンを始動させてから15秒間のアイドル状態（10秒でニュートラルからドライブへシフトチェンジ）を行った。そして、15秒からトルクデマンド制御を行った。始動時における条件はすべて始動制御の章で述べた条件と同じである。トルクデマンド制御における各コントローラの設計パラメータはつぎのとおりである。

- 吸気バルブリフト量コントローラ
  $\tau_e = 0.1,\ \gamma = 1 \times 10^7,\ \lambda = 10$
- 燃料噴射コントローラ
  $\tau = 0.01,\ \hat{P}_p^i = 0.94,\ \hat{R}_p^i = 0.08,\ \hat{P}_v^i = 0,\ \hat{R}_v^i = 0,\ k_P = 1 \times 10^{-7},$
  $k_I = 1 \times 10^{-8}$

また，軸トルクの目標値は以下の**表 6.3** のように設定した．

表 6.3 軸トルクの目標値

時　間 [s]	15 ~ 16	16 ~ 17	17 ~ 18	18 ~ 19	19 ~ 20
目標値 [N·m]	80	150	200	100	80

（2） **結果と考察**　以下に本節で紹介した制御法によるシミュレーション結果を示す．図 **6.23**〜図 **6.28** にエンジンの入力を示す．スロットル開度を全開にし，吸気バルブ位相角を最大限に進角することで吸気バルブの早閉じ効果を高め，ポンプ損失の低減を図っている．また，排気バルブは最大限に遅角することで内部 EGR の増加による排気の改善が期待できる．点火時期は MBT に設定することによって燃焼エネルギーを効率よくトルクに変換する．燃料噴射量は空燃比を理論空燃比にすることが役割であり，吸気バルブリフト量によって軸トルクを制御する．

図 **6.29**〜図 **6.32** にエンジンの出力を示す．ここで，特に重要なのは図 6.32 に示す左右バンクの空燃比である．エンジンのトルクデマンド制御は 15 秒から行っているため，トルクデマンド制御開始直後の過渡的な状態では，空燃比がやや不安定になっている．これは，コントローラを切り替えたことにより，吸気バルブリフト量が急激に変化した影響が大きい．しかしながら，その後は燃料噴射量による PI 補償の効果も効いてくるため，空燃比はそれほど変動することはない．このことは図 **6.33** の各気筒における筒内空燃比からもわかる．

図 **6.34** に軸トルクの値を示す．この図から，トルク推定器によって推定された軸トルク T_e が目標値に対して良好に追従していることがわかる．目標値のステップ変化に対しても推定軸トルクは 0.5 秒以内に目標値 ±10 N·m に落

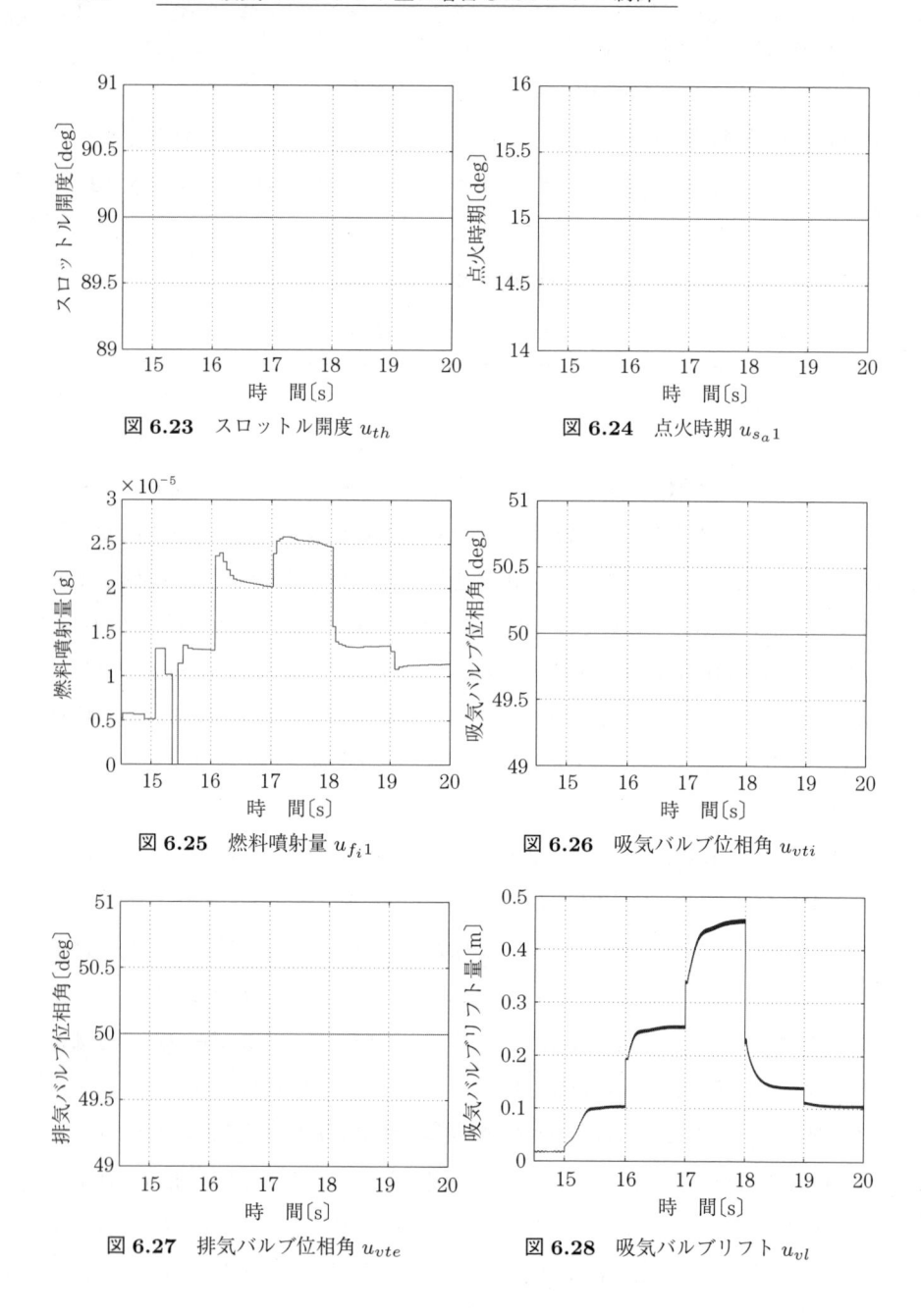

6. 吸気バルブリフト量に着目したエンジン制御

図 6.23 スロットル開度 u_{th}

図 6.24 点火時期 u_{s_a1}

図 6.25 燃料噴射量 u_{f_i1}

図 6.26 吸気バルブ位相角 u_{vti}

図 6.27 排気バルブ位相角 u_{vte}

図 6.28 吸気バルブリフト u_{vl}

図 6.29　エンジン速度 y_1

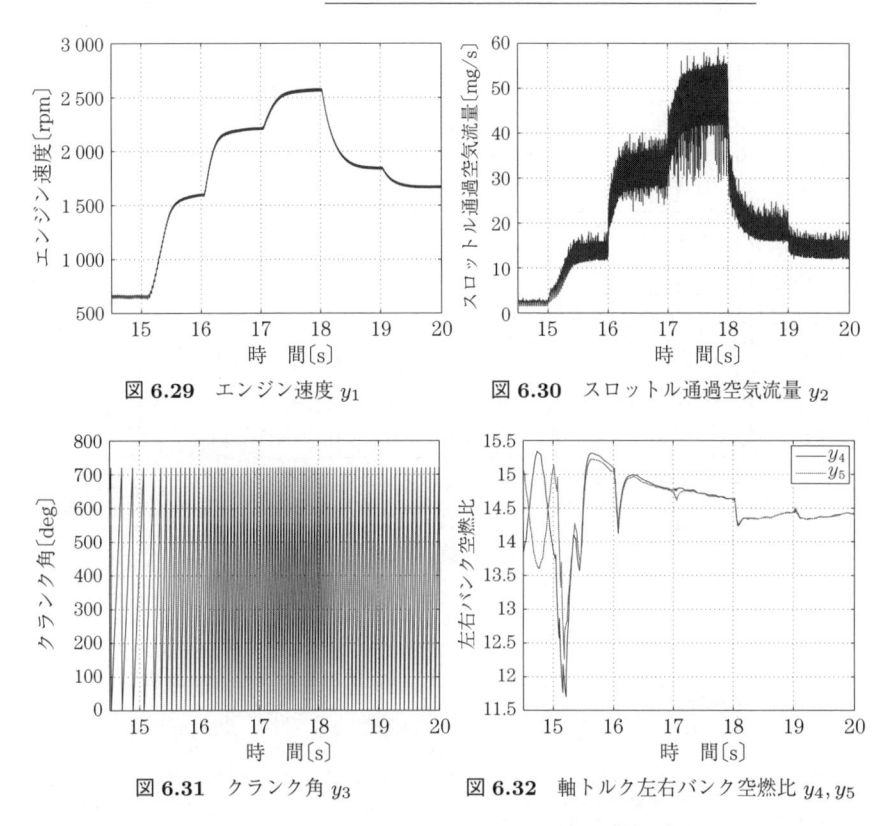

図 6.30　スロットル通過空気流量 y_2

図 6.31　クランク角 y_3

図 6.32　軸トルク左右バンク空燃比 y_4, y_5

ち着き，その後目標値に漸近しており，制御目標を達成できたといえる．また，参考までに実際の軸トルクの値も示してある．

図 6.35 に適応パラメータ $\hat{k}$ を示す．適応同定器によるパラメータ同定は 15.1 秒から行っている．適応パラメータが調節されることで，推定軸トルクが目標値に正確に漸近する．この図から，適応パラメータに大きな変化は見られないが，エンジン速度が低い状態では $\hat{k}$ は大きく，高いエンジン速度では $\hat{k}$ は小さいという若干の関係が見受けられる．最後に本節で示した始動制御手法についてまとめておく．

始動制御では従来，スロットル開度，点火時期，燃料噴射量の 3 種類の制御入力設計をしていたが，1.5 秒というわずかな時間でエンジンをオーバシュートな

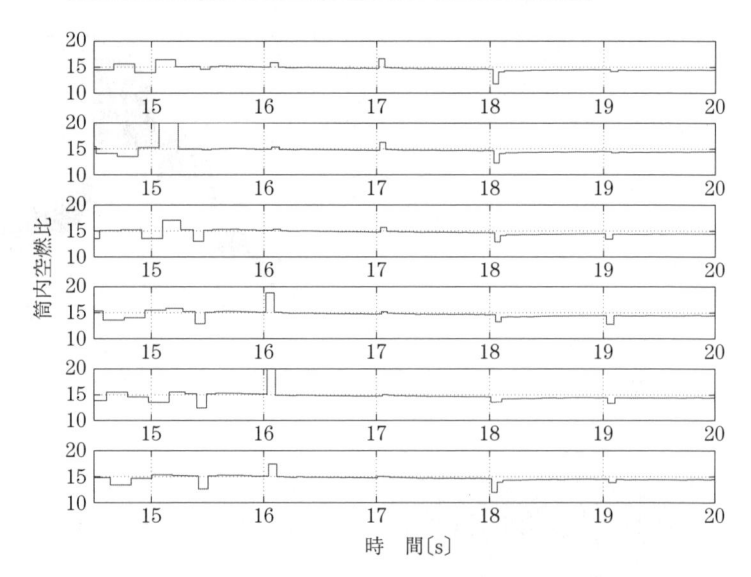

図 6.33 各気筒における筒内空燃比

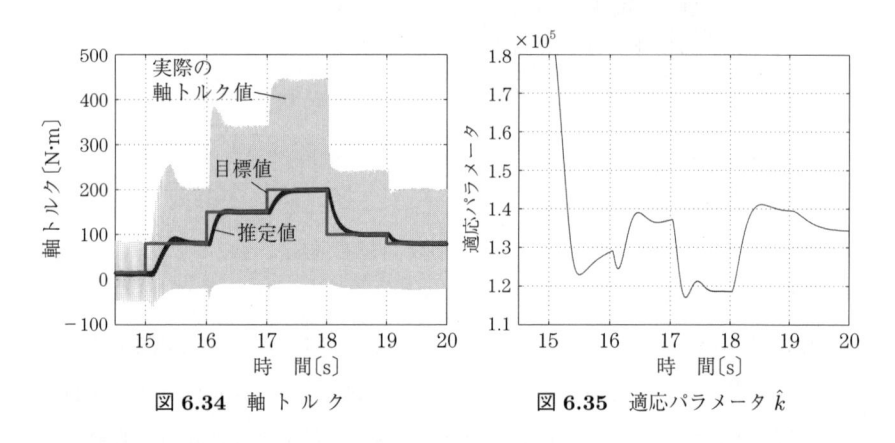

図 6.34 軸トルク

図 6.35 適応パラメータ $\hat{k}$

く目標エンジン速度に漸近させることは容易ではなかった．なぜなら，スロットル開度を用いた制御では，エンジン始動時においてどうしても吸気室の圧力が高くなり，十分な吸気負圧を得ることができないためである．そのため，従来法ではスロットル開度を最初は完全に閉じた状態にし，短時間で吸気室の圧力を下げることでエンジン速度のオーバシュートを最大限に抑制する必要があっ

6.2 SIエンジンのトルクデマンド制御

た。しかしながら，1.5 秒以内に十分な吸気負圧を得ることが困難であり，結局オーバシュートの低減には点火時期に頼るところが大きかった。従来法では点火時期を極端に進角させることによって，エンジンの出力トルクを低下させることでオーバシュートを低減させていた。点火時期によるオーバシュートの抑制はそれなりの効果はあるものの，極端な点火時期の進角はエンジンノックにつながる可能性がある。また，エンジン速度の大きな振動を引き起こし，ドライバへの不快感につながる。さらに，燃料の燃焼エネルギーを効率よくトルクに変換できないことから燃費の悪化を引き起こす。このような問題を解決するために近年注目されている可変動弁機構を積極的に活用したエンジン始動制御を紹介した。本節で示した制御法では特にエンジンの吸気バルブリフト量に着目し，吸気バルブリフト量によってエンジン速度を制御した。スロットル開度主体の制御よりも吸気バルブリフト量主体の制御を行うことで，エンジン始動時の筒内吸入空気量を最初から減らすことができ，オーバシュートを低減することができると考えたからである。また，吸気バルブリフト量以外の制御入力は燃費を考慮して設定した。スロットル開度をフルスロットルとし，吸気バルブ位相角を進角させることでポンプ損失の低減を図り，点火時期を MBT に設定することで燃料の燃焼エネルギーを最大限に活用することで，燃費向上を狙った。

具体的な制御手法としては離散型極値探索制御をエンジンの吸気バルブリフト量制御に応用した。離散型の極値探索制御を応用した理由はエンジンの特性を考慮しやすいからである。本章で扱ったエンジンは 6 気筒エンジンであり，各気筒の位相が 120 deg ずつずれて吸気を行うため，この期間をサンプル時間にすればよい，また吸気からトルク発生までの時間は 4 サンプルであることから，摂動信号と評価関数の出力信号を 4 サンプルずらして相関をとることで，極値の探索方向を決めた。

その結果，エンジン速度のオーバシュートをほぼなくすことに成功し，エンジン速度の振動もなくなった。従来は 800 rpm 程度までのオーバシュートが見られたことから大幅に改善されたといえる。また，エンジンの始動完了時間も

従来の 1.3 秒から 0.5 秒へと大幅に改善された。さらに，燃料噴射量も約半分にできた。これにより，エンジンの始動性はもとより燃費向上にも大きく貢献できると考えられる。

一方，トルクデマンド制御ではこれまで一般的にマップを主体とした制御が広く用いられている。このマップ主体の制御では演算負荷が小さく，フィードフォワード特有の即応性を有するという利点がある。しかしながら，マップを作成するのには開発するエンジンごとに膨大な時間と労力が必要であるし，エンジンの製品間のバラツキや経時変化を考慮していないことから要求トルクの制御精度の悪化を招く恐れがある。

この問題を考慮して，ここでは，数式モデルに基づいた制御法を提案した。ここでも，始動制御と同様に，可変動弁機構における吸気バルブリフト量の制御に重点を置いた。なぜなら，エンジンのトルクを決める量は本質的に筒内吸入空気量であり，筒内吸入空気量は吸気バルブリフト量で制御するのが一番効率的であると考えたからである。エンジンのトルクを吸気バルブリフト量で制御できれば他の入力を始動制御のように燃費を重視した設定にすることで燃費向上も見込める。

そこで，スミスのむだ時間補償を用いたセルフチューニング制御を吸気バルブリフト量制御器として提案した。この方法はエンジンの吸気からトルク発生までのむだ時間を陽に考慮した制御をスミスのむだ時間補償器で行う一方，補償器内のパラメータをオンラインで同定した値を基に調整するものである。コントローラ内のパラメータを適応的に変えることによって，燃料の特性，外部環境の変化，空燃比精度，吸気バルブの製品間のバラツキ，エンジンの経時変化といったさまざまな状況にもロバストな制御系を構成できる。また，トルクデマンド制御を行うに当たって，エンジンの軸トルクの推定が必要になったが，簡単な数式モデルに基づいた推定器も提案した。さらに，燃料噴射コントローラでは逆モデルによるフィードフォワードに PI 補償を加えることで空燃比の定常偏差を改善した。

結果として，目標軸トルクのステップ変化に対しても 0.5 秒以内に目標値

±10 N·m に推定軸トルクを到達させることができ，最終的に目標値に漸近させることもでき，制御目標を達成できた．すなわち，本章の方法により要求トルクを素早く実現できることが示せた．

引用・参考文献

1) K. B. Ariyur and M. Krstić：Real-Time Optimization by Extremum-Seeking control, Wiley (2003)
2) P. Ioannou and B. Fidan：Adaptive Control Tutorial, Society for Indusitial and Applied Mathematics (2006)
3) 濱村芳彦，岩橋和裕，平工恵三，堀 弘平：新 2.0L 連続リフト可変動弁機構付ガソリンエンジンの開発，自動車技術会論文集，Vol.39, No.4, pp.47〜52 (2008)
4) 藤吉美広，浦田秦弘，鈴木 茂，福尾幸一：吸気弁早閉じ機構を用いたノンスロットリングエンジンの研究―第一報　閉弁時期を自在に可変化する油圧駆動弁の構造と挙動及び機能の解析―，自動車技術会学術講演会前刷集，No.924-1, pp.21〜24 (1992)
5) 海山英造，清水 潔，窪寺雅雄，園 比呂志：吸気弁早閉じ機構を用いたノンスロットリングエンジンの研究―第二報　ノンスロットリングエンジンを備えた車両の性能とその制御システム―，自動車技術会学術講演会前刷集，No.924-1, pp.25〜28 (1992)
6) 浅田俊昭，川竹勝則，猪原孝之，安藤彰浩：動弁系による燃費低減技術の研究，自動車技術会学術講演会前刷集，No.78-01, pp.1〜4 (2001)
7) 赤坂雄三，三浦 創：ガソリンエンジン：燃費及び排出ガス低減に貢献する可変動弁機構の技術動向，自動車技術，Vol.59, No.2, pp.33〜38 (2005)
8) 池田 伸，石塚 隆，藤 茂和：新型可変動弁機構を用いた V 型 6 気筒ガソリンエンジンの開発，自動車技術会学術講演会前刷集，No.38-08, pp.11〜16 (2008)
9) 畑村耕一，藤田秀夫，手嶌英仁：高回転高出力エンジン用機械式連続可変（リフト&開角）動弁機構の開発，自動車技術会論文集，Vol.38, No.4, pp.79〜84 (2007)
10) 赤坂雄三，藤田貴也，木賀新一，前 洋介，友金和人，山田吉彦，武田敬介：バルブ作動角リフト連続可変動弁システム（VVEL）の開発，自動車技術会学術講演会前刷集，No.131-07, pp.1〜6 (2007)
11) 原田 宏：自動車の制御技術，朝倉書店 (1996)
12) 井上悳太，辻村欽司：自動車原動機の環境対応技術，朝倉書店 (1996)

13) J-Y. Choi, M. Kristić, K. B. Ariyur, and J. S. Lee：Stability of Extremum Seeking Control for a Class of Discrete-Time Systems, Proceedings of the IEEE Conference on Decision and Control, pp. 1717〜1722 (2001)
14) Y. Zhang：Stability and Performance Tradeoff with Discrete Time Triangular Search Minimum Seeking, Proceedings of the American Control Conference, pp. 423〜427 (2000)
15) J-Y. Choi, M. Kristić, K. B. Ariyur, and J. S. Lee：Extremum Seeking Control for Discrete Time Systems, IEEE Transactions on Automatic Control, vol. 47, no. 2, pp. 318〜323 (2002)
16) 新型クラウンマジェスタのすべて, 三栄書房, pp. 42〜43 (2004)
17) 渡部慶二：むだ時間システムの制御, コロナ社 (1993)
18) 阿部直人, 児島 晃：むだ時間・分布定数系の制御（システム制御工学シリーズ）, コロナ社 (2007)
19) O. J. Smith：A controller to Overcome Dead Time, ISA J., vol. 6, pp. 28〜33 (1959)
20) 鈴木 隆：アダプティブコントロール（現代制御シリーズ）, コロナ社 (2001)
21) E. Hendrics and S. C. Sorenson：Mean Value Modelling of Spark Ignition Engines, SAE Paper 900616 (1990)
22) E. Hendrics and S. C. Sorenson：SI Engine Controls and Mean Value Engine Modelling, SAE Paper 910258 (1991)
23) E. Hendrics and T. Vesterholm：The Analysis of Mean Value SI Engine Models, SAE Paper 920682 (1992)

7 大規模データベースオンラインモデリング

近年,計算機ハードウェアやデータベースシステム技術の発展に伴い,大量データの蓄積と高速検索が可能になったこと等を背景に,ジャストインタイム (just-in-time)[1]~[4](以後,JIT と略す) モデリングと呼ばれる新しい考え方の局所モデリング手法が注目されている。これらは,観測したデータをそのままデータベースにあらかじめ蓄積しておき,システムの予測等の必要が生じるたびに,現在のシステムの状態である要求点 (query) と関連性の高いデータをデータベースから近傍データとして検索し,検索したデータの出力を補間する局所モデルを構成して,要求点の出力を得るモデリング手法である。観測データの更なる蓄積があるたびに既存の局所モデルを廃棄し,再び新たな局所モデルを構築し,対応していく方法である。また,実プロセスの大規模なデータベースに JIT モデリングをオンラインで適用するにあたり,ステップワイズ法による実プロセスデータの位相空間の低次元化と,低次元化した位相空間の量子化による近傍検索の効率化と計算負荷の大幅な低減を図った手法として大規模データベースオンラインモデリング[5]~[9] (large-scale database-based online modeling, 略して LOM) が提案されている。

本章では,エンジン速度制御を円滑に行うために,データベースに基づく予測制御技術として LOM を応用する手法について解説する。まず,7.1 節では,JIT モデリングおよび LOM について紹介する。7.2 節では,LOM による筒内吸入空気量の予測方法とその予測例について述べる。7.3 節では,LOM を応用したエンジン制御系の設計とその制御シミュレーションについて述べる。

7.1 大規模データベースオンラインモデリング (LOM)

LOM [5]~[9] の基本的な考え方は JIT モデリング[1]~[4]に基づいている。JIT モデリングとは,予測要求のたびに現在のシステムの状態に対応する局所的な

モデルを過去に蓄積した観測データに基づいて構成し，その局所モデルに基づいて予測や制御を行う方法である．この考え方は，G. Cybenko[1]によって最初に提案され，予測の必要なときだけに局所的なモデルを構成することから，JITモデリングやmodel on demand[10]と呼ばれている．また，一度利用した局所モデルをその都度破棄するため，Lazy learning[11]とも呼ばれ，化学プロセスの分野においては，操業データ（運転データ）[12]に基づくモデリング手法とも呼ばれる．

JITモデリングは非線形システムのモデリングが行えることから，ロボット学習への応用[13]，鉄道の手動運転支援[10]，化学プラントの状態予測[12]，圧延セットアップモデルの同定[3]，高炉の状態予測[5]~[7]など，さまざまな分野で応用がなされている．また，対象システムの観測データの蓄積が可能であればモデリングを行うことができる有用な手法である．LOMは，JITモデリングを大規模システムに適用するに当たり拡張を図った実用的な手法である．本節ではまずJITモデリングから説明し，つぎにLOMを説明する．

7.1.1 JITモデリング

（１） JITモデリングの基本概念　　JITモデリング[1]~[4]では，制御あるいは予測の対象とするシステムは非線形かつ動的なシステムであり，次式で表される回帰モデルで与えられると仮定する．

$$y(t+p) = f\{y(t), y(t-1), \cdots, y(t-n_y), \\ u(t-d), u(t-d-1), \cdots, u(t-d-n_u)\} \quad (7.1)$$

ここで，$u(t)$は時刻tにおけるシステムの制御入力ベクトル，$y(t)$は時刻tにおけるシステムの観測出力ベクトルであり，n_uは制御入力ベクトルの次数，n_yは観測出力ベクトルの次数である．また，pは予測時間，dはむだ時間，fは未知の非線形関数である．このとき，システムの入力ベクトルx^kと出力ベクトルy^kをそれぞれ次式で再定義すると

$$y^k = y(k+p) \quad (7.2)$$

7.1 大規模データベースオンラインモデリング (LOM)

$$x^k = \{y(t), y(t-1), \cdots, y(t-n_y),$$
$$u(t-d), u(t-d-1), \cdots, u(t-d-n_u)\} \tag{7.3}$$

と表現できる．ここで，対象システムからデータサンプリング可能な離散化時間を k と定義し，x^k と y^k の組合せ (x^k, y^k) をデータセットと定義する．データセットはシステムの位相または相と呼ばれ，システムの取り得る位相全体を位相空間または相空間と呼ぶ．時間推移に伴い入力ベクトル x^k と出力ベクトル y^k のデータセットが $(x^1, y^1), (x^2, y^2), \cdots$，のような形で対象システムから大量に取得され，データセット集合 $\{(x^k, y^k)\}, (k=1, 2, \cdots)$ としてデータベースに蓄積される．このとき JIT モデリングは，予測や制御の要求のたびに蓄積されている $\{(x^k, y^k)\}$ から非線形関数 f を求めることに相当する．

ここで，JIT モデリングの概念図を図 **7.1** に示す．例えば，時刻 t において，システムの予測が必要となったとき，現在のシステムの状態 (x^{k_q}, y^{k_q}) は要求点 (query) と呼ばれ，この要求点に類似した近傍データセット $\{(x^{k_i}, y^{k_i})\}(k_i < k_q)$ を過去の観測データ集合から選び出す．近傍データセットから局所モデルを構成し，その局所モデルを用いてシステムの出力 $\hat{y}^{k_q}$ を予測する．その後，その局所モデルを廃棄し，次回の予測では新たに観測データが更新されたデータ集

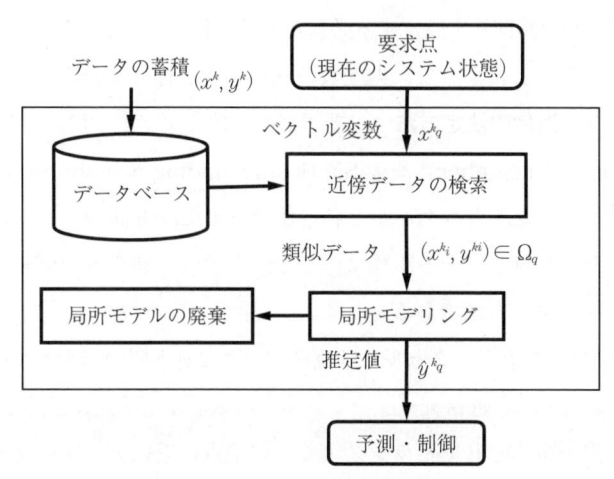

図 **7.1** JIT モデリングの概念図[5]

合からそのときの要求点の近傍データセットを選び出し，予測を行う．

JIT モデリングのアルゴリズムでは，特に以下の項目について設定する必要がある．

1) 遅れ時間を含めた，利用する変数の種類（情報ベクトル）と数
2) 要求点近傍の決定方法
3) ベクトル間距離の定義
4) 出力値を生成する局所モデルの構成方法

以後，上記について，それぞれ説明を行う．

（2） 利用する変数の種類と数　　JIT モデリングにおいて，大規模なシステムを対象とし，システムの入力ベクトル x^k を構成する入力変数を多数採用し，さらにシステムのむだ時間を考慮するために時間を遅らせた変数まで考慮した場合には，大規模なデータをデータベースに蓄積することになり，予測のたびにすべてのデータセットに対して検索を行うため，その処理時間も増大する．また，予測すべき変数を構成する出力ベクトル y^k に対して関連性の低い入力変数を入力ベクトル x^k に採用した際には，予測精度に悪影響を及ぼすこともある．そのため，対象システムにおいて出力ベクトル y^k に対して関連性の高い入力変数を順に入力ベクトル x^k に採用し，システム特性に応じて入力変数の遅れ時間（むだ時間）を設定する必要がある．例えば，LOM ではステップワイズ法を用いることによって入力変数の取捨選択を行っている．

（3） 要求点近傍の決定方法　　要求点の近傍を決定する代表的な方法には，k-NN (k nearest neighbors) や k-SN (k surrounding neighbors) などがある．

1) k-NN は，要求点ベクトルと各近傍データセット間のベクトル間距離をそれぞれ計算し，その距離に応じて最も近い k 個を近傍データセットとして採用する方法である．

2) k-SN は，要求点ベクトルと各近傍データセット間のベクトル間距離をそれぞれ計算し，近傍データセット集合の重心が要求点に近くなるように，要求点を中心としてバランスよく，要求点に近いデータセットを近傍として採用する方法である．ここで説明のために，入力ベクトル x^k を一

次として幾何学的に考えると，要求点の右側から距離の近いデータセットを近傍としていくつか採用した場合，反対側の左側からも同数の距離の近いデータセットを近傍として採用し，採用した近傍データセット集合の情報が要求点ベクトルに近いものとする方法である。

（4）ベクトル間距離の定義　JIT モデリングでは，要求点ベクトルと近傍データセット間のベクトル間距離を定義する方法も重要である。ベクトル間距離の定義には，これまで以下の方法が提案されている。

1) ユークリッド距離

$$d(k_i, k_j) = \sqrt{(x^{ki} - x^{kj})^T (x^{ki} - x^{kj})} \qquad (7.4)$$

2) 重み付きユークリッド距離

$$d(k_i, k_j) = \sqrt{(x^{ki} - x^{kj})^T S (x^{ki} - x^{kj})} \qquad (7.5)$$

ここで，S はスケーリング行列である。

3) Lp ノルム（Minkowski 距離）

$$d(k_i, k_j) = \left(\sum_l |x_l^{ki} - x_l^{kj}|^\alpha \right)^{\frac{1}{\alpha}} \qquad (7.6)$$

ここで，x_l は変数ベクトル x の第 l 成分である。α は $1 \leq \alpha < \infty$ である。

（5）局所モデルの構成方法　局所モデルは，対象システムにおける特定の動作領域を表現したモデルであり，JIT モデリングでは要求点近傍から得られた近傍データセットから将来の推定値を導出するモデルである。JIT モデリングにおける代表的な局所モデリングの方法には，相加平均法，重み付き線形平均法（linear weighted average，略して LWA），重み付き局所回帰法（locally weighted regression，略して LWR）などが提案されている。

1) 相加平均法

相加平均法では要求点ベクトル x_q^k に対する出力の推定値ベクトル $\hat{y}_q^k$ を

$$\hat{y}_q^k = \frac{1}{M} \sum_{y^k,(x^k,y^k)\in \Omega_q} y^k \tag{7.7}$$

で算出する．ここで，M は近傍空間 Ω_q に属する出力ベクトル y^k の個数である．

2) 重み付き線形平均法 (LWA)

重み付き線形平均法では要求点ベクトルと近傍データセットのベクトル間距離に応じた重み付けを行い，要求点ベクトル x_q^k に対する出力の推定値ベクトル $\hat{y}_q^k$ を

$$\hat{y}_q^k = \frac{\displaystyle\sum_{i=1}^{m} w_i y_i^k}{\displaystyle\sum_{i=1}^{m} w_i} \tag{7.8}$$

で算出する．ここで，w_i は要求点の近傍データセットの第 i 番目に対応する重みである．w_i はベクトル間距離 d が短いほど 1 に近く，距離が遠いほど 0 に近くなるように設定する．w_i を決定する代表的な重み関数には，ガウス関数，トリキューブ関数，逆距離関数などがあり，以下に示す．

a) ガウス関数 (Gaussian function)

$$w(d) = e^{-d^2} \tag{7.9}$$

b) トリキューブ関数 (tricube function)

$$w(d) = \begin{cases} (1-d^3)^3, & |d| < 1 \\ 0, & |d| \geqq 1 \end{cases} \tag{7.10}$$

c) 逆距離関数 (inverse distance function)

$$w(d) = \frac{1}{1+d^\kappa} \tag{7.11}$$

ここで，κ は正の整数である．

3) 重み付き局所回帰法 (LWR)

重み付き局所回帰法では要求点ベクトル x_q^k に対する出力の推定値ベクトル $\hat{y}_q^k$ を

$$\hat{y}_q^k = (x_q^k)^T \hat{\theta} \tag{7.12}$$

$$\theta = \arg\min_{\theta} \sum_{i=1}^{m} |y_i^k - \hat{y}_i^k| \tag{7.13}$$

で算出する。ここで，θ は局所モデルのパラメータ，$\hat{\theta}$ は局所モデルのパラメータの推定値，m は近傍データセット数である。

7.1.2 LOM

(1) **LOM の基本概念** JIT モデリングは，データベースから要求点の近傍データセットを検索するためにすべてのデータセットに対してベクトル間距離を測り，順序付ける処理を，予測の都度実行する必要がある。そのため，多くの入力変数やデータセット数を伴う大規模データベースでは，計算負荷が増大してしまうという問題が生じる。そこで，LOM では，JIT モデリングを大規模な実プロセスのデータベースに適用するに当たり，ステップワイズ法による実プロセスデータの多次元位相空間の低次元化と，低次元化した位相空間の量子化による近傍検索の効率化を行い，計算負荷の大幅低減を図っている。LOM の概念図を図 **7.2** に示す。LOM では，JIT モデリングの概念に，ステップワイズ法による変数選択，観測データと要求点ベクトルデータの量子化，量子単位での近傍データセットの検索が加わっている点が特徴である。

(2) **ステップワイズ法による変数選択** ステップワイズ法 (stepwise method)[14)~16)] は，高炉のような大規模プロセスのデータベースに対して，その予測処理の計算負荷を低減するために，また，予測対象の変数に対して関連性の低い入力変数による予測精度悪化を防ぐために，予測対象の変数に対して関連性の高い入力変数だけに絞り込み，絞り込まれた変数によって入力ベクトル x^k を構成するために用いられる。このような入力変数の選定方法は，LOM に

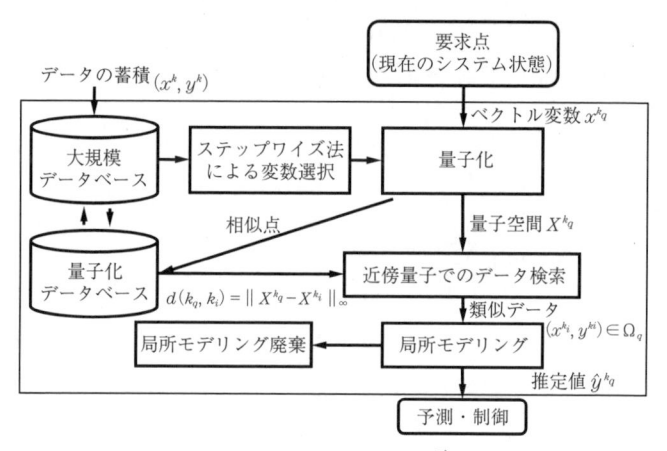

図 7.2 LOM の概念図[5]

おいてその予測精度に関係する重要な処理となる。ステップワイズ法とは，回帰モデルにおいて，できるだけ説明変数の数を少なくし，かつ観測値と出力の予測値の差の平方和（残差平方和）を実用に耐えうるほど小さいものとするために，ある検定基準（F 値）を設けて説明変数の追加と除去を繰り返しながら，回帰モデルの説明変数の組合せを選択する方法である。

回帰モデルにおける説明変数の組合せを選択する方法として，変数増加法や変数減少法，ステップワイズ法などがある。それぞれの方法について以下に説明する。

（a）変数増加法 変数増加法 (forward selection method)[14] とは，定数項だけの回帰モデルから目的変数を説明するために有用な説明変数を追加していく手法であり，前進選択法とも呼ばれる。まず，定数項だけの回帰モデルの式 (7.14) を考える。式 (7.14) にどの変数を採用すればよいかを考えるため，まず，一つの説明変数 v_j を取り込み，単回帰モデルの式 (7.15) を得ることを考える。

$$y^{k_i} = \beta_0 + \varepsilon_i \tag{7.14}$$

$$\hat{y}^{k_i} = \hat{\beta}_0 + \hat{\beta}_j v_{ij} \tag{7.15}$$

このとき y^k は予測対象の目的変数であり，β_0 は定数項である．つぎに y^k の平方和 S_{yy} を

$$S_{yy} = \sum_{i=1}^{n}(y^{k_i} - \bar{y}^{k_i})^2 \tag{7.16}$$

から導く．このときの自由度は $\phi_T = n - 1$ である．さらに次式を用いて式 (7.15) に対する残差平方和 S_e を求める．

$$S_e = \sum_{i=1}^{n}(y^{k_i} - \hat{y}^{k_i})^2 \tag{7.17}$$

このときの自由度は，$\phi_e = n - \gamma - 1$ である．ここで，γ は回帰モデルにおいてすでに採用している説明変数の数である．S_{yy} と式 (7.15) に対する S_e を用いて

$$F_0 = \frac{\dfrac{S_{yy} - S_e}{\phi_T - \phi_e}}{\dfrac{S_e}{\phi_e}} \tag{7.18}$$

より F_0 値を求める．F 値とは目的変数に対する説明変数の寄与率であり，分散比とも呼ばれる．一般に，F_0 値が 2 より大きいかどうかを判断の目安にして，大きければ式 (7.15) のモデルを支持し，小さければ式 (7.14) のモデルを支持する．この変数を採用する基準となる値は F_{in} と定義される．このように，すべての入力変数について単回帰モデルを考え，最終的に最も F 値が大きい回帰モデルを採用する．続いて，一つ目の入力変数として v_j が採用された式 (7.19) の状態を仮定し，二つ目の入力変数を取り込む場合は，まず入力変数の v_k を取り込み，式 (7.20) を得ることを考える．

$$y^{k_i} = \beta_0 + \beta_1 v_{ij} + \varepsilon_i \tag{7.19}$$
$$y^{k_i} = \beta_0 + \beta_1 v_{ij} + \beta_k v_{ik} + \varepsilon_i \tag{7.20}$$

つぎに，式 (7.19) と式 (7.20) を比較し，v_k をモデルに取り込む価値があるかを判定することを考える．同様に，つぎの

$$F_1 = \frac{\dfrac{S_{e(7.19)} - S_{e(7.20)}}{\phi_{e(7.19)} - \phi_{e(7.20)}}}{\dfrac{S_{e(7.20)}}{\phi_{e(7.20)}}} \tag{7.21}$$

から F_1 を求め,F_{in} より大きければ式 (7.20) のモデルを支持し,小さければ式 (7.19) のモデルを支持する.このように二つのモデルの F 値を説明変数を取り換えて順に比較していくことにより,最も F 値の高い説明変数を採用する.この処理を繰り返すことによって一つずつ説明変数を追加していき,F_{in} の基準により変数が選択されなくなるまで行うことで,最終的な入力変数の組合せを決定する.

(b) 変数減少法　　変数減少法 (forward elimination method) は,入力されたすべての説明変数を回帰モデルに採用した段階から不要な変数を削除していく手法である.

まず,変数増加法とは逆に,すべての説明変数を取り込んだ回帰モデルから一つだけ説明変数を除いた回帰モデルをすべての組合せで作成し,それらの F 値に基づいて評価する.変数減少法において変数を除去する基準となる値は F_{out} と定義され,F_{out} も一般的に 2 が用いられる.最も小さい F 値が F_{out} よりも小さいとき最も小さい F 値に対応する説明変数がモデルから一つ除かれる.各 F 値が F_{out} より大きくなり,説明変数が削減できなくなるまで,説明変数を一つずつ削減していき,入力変数の組合せを選択する.

(c) ステップワイズ法　　変数増加法では一度採用された説明変数は除かれることがなく,また,変数減少法では一度除かれた変数は採用されることがないという問題がある.そこで,この問題を解決した手法がステップワイズ法である.ステップワイズ法は,変数増加法と変数増減法の両者を組み合わせた手法であり,変数増減法とも呼ばれる.その処理手順は,変数増加法と変数減少法を交互に繰り返し,これ以上変数の追加も削除もされない状態となったら終了する.このとき,F_{in} と F_{out} は $F_{in} \geq F_{out} \geq 2.0$ となるように設定される.

（3）位相空間の量子化と近傍検索　　LOM の量子化では，入力変数ベクトル x^k を構成する各入力変数の取りうる入力空間を量子化し，量子空間ベクトル X^k を次式のように定義することで入力変数 x^k の分類を行う[5]。

$$X^k = Z(x^{k_i}), (i = 1, 2, \cdots, n) \tag{7.22}$$

ここで，$Z(\cdot)$ は量子化演算子，n は同一量子空間ベクトル X^k に属するデータの数とする。量子空間ベクトル X^{k_i} と X^{k_j} とのベクトル間距離 d は

$$d(k_i, k_j) = \|X^{k_i} - X^{k_j}\|_\infty \tag{7.23}$$

と定義する。ただし，$\|\cdot\|_\infty$ は ∞ ノルムである。このとき要求点ベクトル x^{k_q} を含む量子空間を X^{k_q} とし，要求点ベクトル x^{k_q} の近傍空間 Ω_q を

$$\Omega_q = \{X^{k_q} | d(k_q, k_p) = \min_{X^{k_p} \in T} d(k_q, k_p)\} \tag{7.24}$$

と定義する。ここで，T は位相空間を表す。量子化を導入することによってベクトル間距離 $d(k_i, k_j)$ は離散値となり，近傍を検索するには，まず要求点ベクトルを含む同一量子，隣の量子というように量子化データベース上で単純かつ効率的に検索できる。説明のために入力変数が二つの場合を考え，その要求点の近傍量子空間を図 **7.3** に示す。このとき，要求点ベクトル x^{k_q} が中央に存在

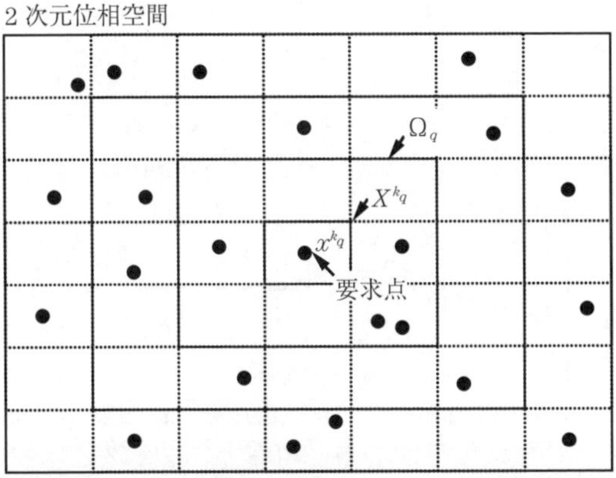

図 **7.3**　入力変数を二つと仮定したときの要求点の近傍量子空間

し，その要求点ベクトル x^{k_q} を含む量子空間は X^{k_q} であり，その周辺の空間が近傍空間 Ω_q である。位相空間の量子化幅の決定方法はいくつかの方法が考えられる。適用例では，最も単純な一様均等分割法を用いる。

7.2 LOMの筒内吸入空気量予測への応用

7.2.1 筒内吸入空気量の予測適用例

エンジン始動制御を実現するには，理想的な空燃比を維持し，エンジン筒内へ噴射される燃料噴射量を適切に導出する必要がある。燃料噴射量を決定する際に筒内吸入空気量は重要な要素となるため，将来の筒内吸入空気量を正確に推定することが課題となる。そこで，エンジン速度制御を円滑に行うために，筒内吸入空気量の予測にLOMを応用し，LOMを用いた制御系を設計する。

まず，スロットルを通過する空気量を積算して推定するだけでは将来の筒内吸入空気量の推定が不十分であることについて述べる。スロットル通過空気量の積算値から将来の筒内吸入空気量を推定すると，図 **7.4** に示すように，実測値と予測値の間で誤差が生じる。特に，エンジン始動時の 0.3 秒から 1.2 秒において，実測値と予測値の値が異なっていることが確認できる。

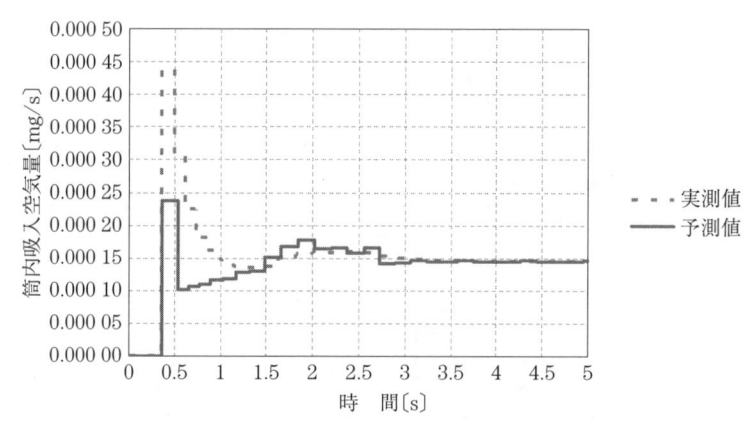

図 **7.4** スロットル通過空気量の積算による筒内吸入空気量の推定値と実際値

7.2 LOM の筒内吸入空気量予測への応用

そこで LOM を用いて筒内吸入空気量の予測を行うことにより正確な筒内吸入空気量を求めることを考える。ここで，エンジン筒内吸入空気量予測のための LOM システムの処理フローを図 7.5 に示す。

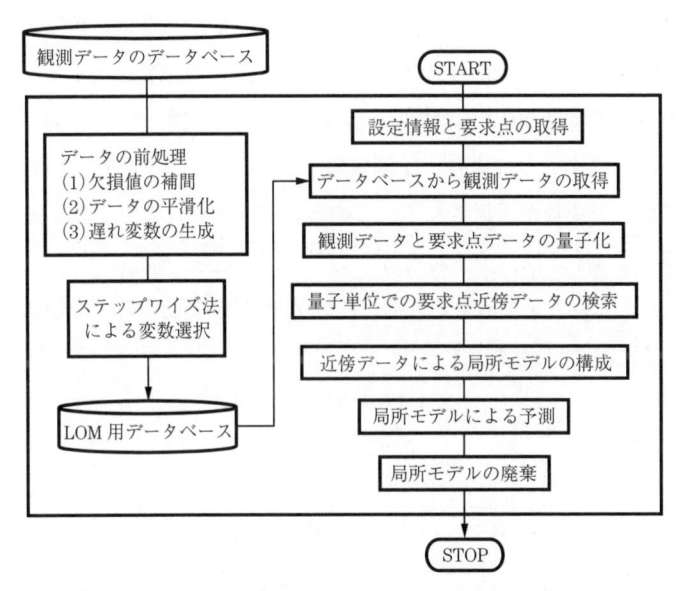

図 7.5 エンジン制御に用いた LOM システムの処理フロー

まず最初に対象システムから得られる入出力データを収集し，観測データのデータベースを構成する。ここでは，本書付録にある MATLAB/Simulink ガソリンエンジンシミュレータを用いて，スロットル開度を変化させて複数のケースの始動時のデータを取得する。取得するデータは，筒内吸入空気量，スロットル開度，点火時期，スロットル通過空気流量，クランク角，エンジン速度，燃料噴射量の 7 変数である。筒内吸入空気量は予測対象 y^k である。データ取得時のサンプリング間隔は 0.5 ミリ秒とする。前処理として，0.01 秒間隔で移動平均法による平滑化を施し，その後改めて 0.01 秒間隔でサンプリングを行い，最終的なデータ点数は 1890 点である。さらに y^k を除くすべての観測変数について 0.1 秒まで 0.01 秒刻みで遅れさせた変数をそれぞれ作成する。例えば，エンジン速度であれば，現在から 0.01 秒前のエンジン速度，0.02 秒前のエンジン

速度, 0.03秒前のエンジン速度, ···, 0.1秒前のエンジン速度のように作成し, 変数の遅れ時間を考慮する。

LOMの入力ベクトル x^k を構成する入力変数は, 遅れ時間を考慮した, スロットル開度, 点火時期, スロットル通過空気流量, クランク角, エンジン速度, 燃料噴射量の6変数から, ステップワイズ法を用いて選択する。予測対象 y^k を0.2秒後の気筒No.1の筒内吸入空気量として, 対象データに対してステップワイズ法を施すことにより, 予測対象 y^k に対して関連性の高いものから順に9項目の入力変数が選択される。このとき選択された入力変数を**表7.1**に示す。F値(寄与率)は, 予測対象 y^k に対する関連性の高さを示す。ここでは, できる限り入力変数を削減するため, F値が30以上の変数だけを選択するように $F_{in} = F_{out} = 30$ と設定する。

表7.1 入力変数とF値

No.	変数名	F値 (寄与率)
1	0.1秒前の燃料噴射量	755
2	0.1秒前のスロットル通過空気流量	687
3	0.04秒前のスロットル通過空気流量	236
4	0.09秒前のスロットル開度	166
5	0.07秒前のスロットル通過空気流量	157
6	0.03秒前の燃料噴射量	93
7	0.08秒前のエンジン速度	92
8	0.07秒前の燃料噴射量	41
9	現在のスロットル通過空気流量	33

表7.1から, 0.1秒前の燃料噴射量や0.1秒前のスロットル通過空気流量, 0.04秒前のスロットル通過空気流量などはF値が特に高く, 予測対象である0.2秒後の筒内吸入空気量と関連性が高いことがわかる。これらの選択された変数からLOM用データベースを構成する。ここでステップワイズ法は予測の都度行われる処理ではなく, あらかじめ一度だけ行われる処理である。対象システムによっては, 経年変化や特性変化による影響などを考慮するために定期的に行う必要がある。

また, 図7.5の右側に位置する開始から終了までの処理は予測の都度行われる処理である。まず予測時間, 量子化数, 取得する近傍データセット数などの

設定情報と現在のシステムの状態である要求点ベクトルデータを取得する。つぎに LOM 用データベースからステップワイズ法による低次元化を図った観測データを取得する。観測データと要求点ベクトルデータを量子化し，量子単位での要求点ベクトルとデータセット間の距離を測り，要求点の近傍データセットを検索する。得られたデータより，LOM の推定値を導出する局所モデルを構成する。ここでは局所モデルとして，重回帰モデルを用いる。すなわち，要求点ベクトル $x_i^{k_q}$ から，予測値 $\hat{y}^{k_q}$ を

$$\hat{y}^{k_q} = \beta_0 + \sum_{i=1}^{m} \beta_i x_i^{k_q} \tag{7.25}$$

で算出する。ここで，回帰母数 β_0, β_1, β_2, $\cdots$, β_m は，最小二乗法により，要求点ベクトルと複数の近傍データセットから推定する。m は入力変数の数 ($n_y + n_u$) である。このような局所モデルを予測の都度，要求点ベクトルとその近傍データセットから構成するため，一度用いた局所モデルは廃棄される。

予測例として，ある要求点を選択し，筒内吸入空気量の 0.5 秒後までを LOM を用いて，要求点時刻から予測する。このとき，ステップワイズ法によって選択された 9 変数を用いて入力ベクトル x^k を構成する。LOM の予測処理の際の量子化数を 100 とし，近傍データセットを 30 個取得し，局所重回帰モデルによって予測を行い，その予測結果と実データを図 **7.6** に示す。横軸は，0 の位置を現在の要求点時刻として，過去の 0.1 秒前から将来の 0.5 秒後までを表

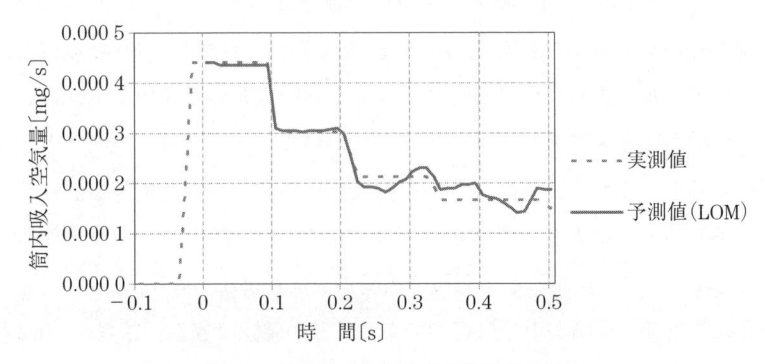

図 **7.6** 筒内吸入空気量の予測結果の例 1

示している．横軸のマイナス記号は過去を意味する．縦軸は筒内吸入空気流量を示す．現在のシステムの状態に似た近傍データセット（過去類似事例データ）を 30 箇所で取得し，式 (7.25) の局所モデルに基づいて，予測値を生成している．図 7.6 から予測値が将来の 0.2 秒後まで実測値とよく一致していることが確認できる．一方で，0.2 秒後以降の予測では，徐々に予測精度も悪くなっていくことがわかる．さらに，要求点時刻を変更した予測例を図 7.7 に示す．このときも同様に予測が良好に行われていることが確認できる．

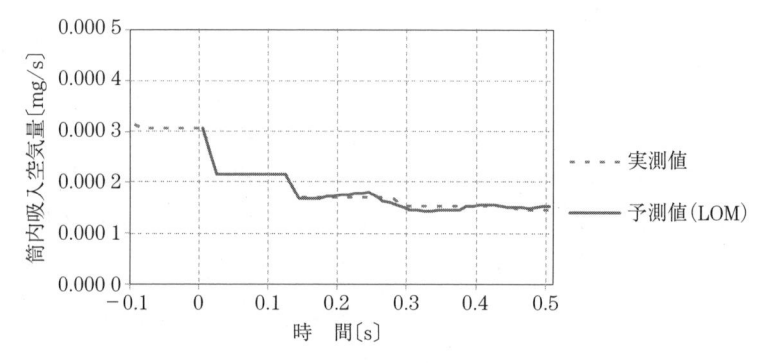

図 7.7 筒内吸入空気量の予測結果の例 2

7.2.2 筒内吸入空気量の予測精度

LOM による筒内吸入空気量の予測精度を評価するため，要求点をランダムに変更して 0.1 秒後の筒内吸入空気量の予測を 480 回行う．このとき，LOMの予測処理の際の量子化数を 100 とし，近傍データセットを 30 個取得し，局所重回帰モデルによって予測を行う．エンジンモデルの実測値と LOM による予測値の散布図を図 7.8 に示す．図 7.8 において，大部分は，実測値と予測値の傾向が類似しており，良好な予測を行えていることが確認できる．一部で実測値と予測値の値が異なっている個所は，類似した近傍データセットが少ない箇所である．また，実測値と予測値の相関係数は 0.986 であり，LOM を用いて筒内吸入空気量の予測が十分に可能であることが確認できる．さらに，0.2 秒後の筒内吸入空気量の予測を 480 回行う．その実測値と予測値の散布図を図 7.9

7.2 LOM の筒内吸入空気量予測への応用

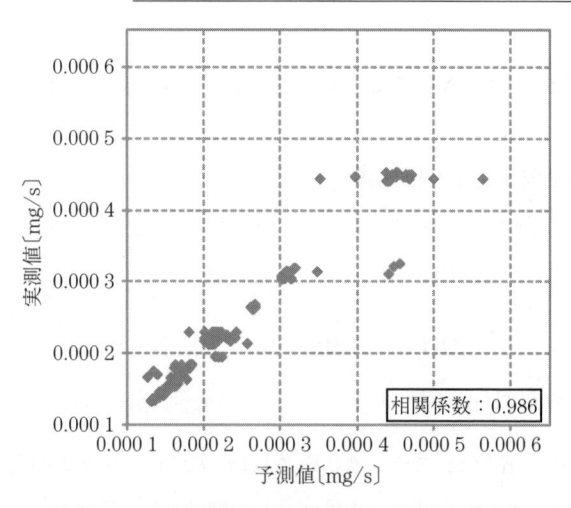

図 7.8 0.1 秒後の筒内吸入空気量の予測値と実際値

に示す。このときの実測値と予測値の相関係数は 0.979 であり，0.2 秒後の予測においても十分な予測精度が得られていることが確認できる。

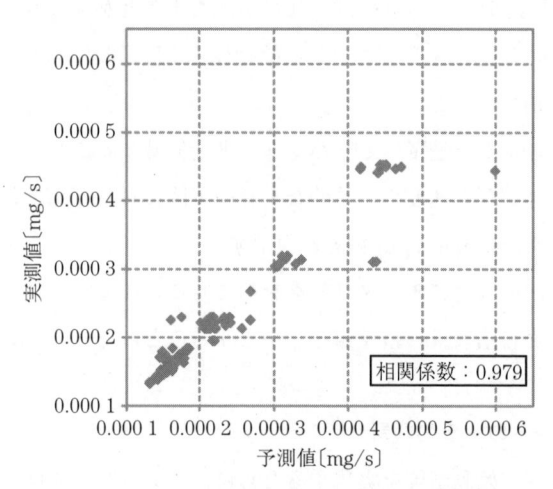

図 7.9 0.2 秒後の筒内吸入空気量の予測値と実際値

7.3 LOMを用いたエンジン始動制御系設計

7.3.1 制御対象および問題設定

(1) 制御対象 制御対象は6気筒を有するV型ガソリンエンジン[17),18)]であり，次式で表現される．

$$\frac{d}{dt}x(t) = f(x(t), u(t)), x(0) = x_0 \tag{7.26}$$

$$y(t) = g(x(t), u(t)) \tag{7.27}$$

ここで，$x(t) \in R^n$ はシステムの状態，$u(t) \in R^{13}$ はシステムの入力，$y(t) \in R^2$ はシステムの出力である．入力はスロットル開度，各気筒ポート燃料噴射量，各気筒点火時期の $13 (1 + 2 \times 6)$ 入力，出力はエンジン速度とスロットル通過空気流量の2出力である．

(2) 問題設定 つぎの制御仕様を満たすことが求められている．

1) エンジン速度がエンジン始動後 1.5 秒以内に 650 ± 50 rpm に到達すること．
2) エンジン速度のオーバシュートを低減すること．
3) エンジン速度の一時的な上昇や下降に対して，エンジン速度が速やかに 650 rpm 付近に復帰すること．
4) 制御入力にチャタリングを起こさないこと．
5) 燃料噴射量の積算値を最小とすること．

7.3.2 コントローラの設計

前述のエンジン始動制御を実現するために，エンジンのスロットル開度，点火時期，燃料噴射量の三つのコントローラを設計する．

(1) 全体のエンジン始動制御系 制御系全体の概念図を図 **7.10** に示す．スロットル開度と点火時期はエンジン速度の現在値と目標値の偏差に基づいてPID制御を行う．ここで，点火時期については，エンジン速度の状態に応じて

7.3 LOM を用いたエンジン始動制御系設計

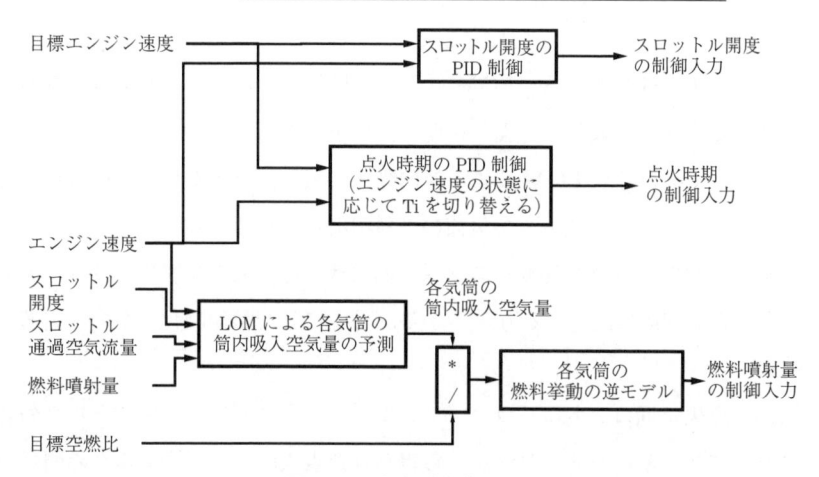

図 7.10 制御系全体の概念

PID 制御のパラメータ Ti を切り替える。燃料噴射量は LOM によって予測した各気筒の筒内吸入空気量により，気筒ごとの燃料挙動逆モデルから求める[19),20)]。

（2）燃料噴射量コントローラ 筒内に吸入される燃料量は次式[21)]のモデルで表現される。

$$f_{cr}(k) = (1-R)f_i(k) + (1-P)f_w(k) \tag{7.28}$$

ここで，f_{cr} は筒内吸入燃料量，f_i は燃料噴射量，f_w は吸気管残存燃料量であり，P は液膜燃料残留率，R は噴射燃料付着率，k はサイクル数を示す。式 (7.28) を f_i について整理すると次式の逆モデルが求まる。

$$\hat{f}_i(k) = \frac{f_{cr}(k) - (1-P)f_w(k)}{1-R} \tag{7.29}$$

このとき，吸気管残存燃料量 は

$$f_w(k) = Pf_w(k-1) + Rf_i(k-1) \tag{7.30}$$

から導き，目標筒内吸入燃料量 $\hat{f}_{cr}(k)$ は次式より求める。

$$\hat{f}_{cr}(k) = \frac{\hat{M}_{cf}(k)}{\alpha_r} \tag{7.31}$$

ここで，α_r は目標筒内空燃比，$\hat{M}_{cf}$ は筒内吸入空気量の推定値である。目標筒

内空燃比は理論空燃比 14.7 に設定している。また，本手法では，筒内吸入空気量の予測に LOM を用いる。LOM によって以前のスロットル通過空気量の積算値による方法と比較して，より精度の高い予測を行えると考える。また，各気筒についてそれぞれ LOM による筒内吸入空気量の予測モデルと燃料挙動逆モデルの式 (7.29) を準備し，各気筒の燃料噴射量の制御入力値を求める。P と R の値は燃料特性の蒸発速度やエンジンの暖機状態に大きな影響を受け，実験データから適応的に同定する方法[21]があるが，ここでは簡略化のため一定値としている。

（3） 点火時期コントローラ エンジンの点火時期による平均トルクの特性について述べる。シミュレータから得られた点火時期と平均トルクの関係を図 **7.11** に示す。このとき定常状態 2 000 rpm 付近に制御し，スロットル開度は 90 deg. に固定している。最大トルクを得られる点火時期は 20 deg. BTDC である。BTDC は，before top dead center の略であり，上死点前という意味である。また，20 から 60 deg.BTDC にかけて，得られる正味トルクが徐々に減少することが確認できる。

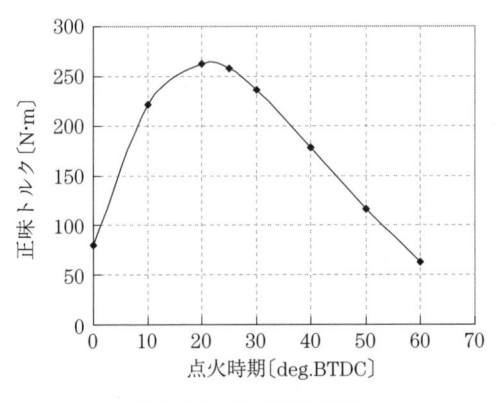

図 **7.11** 点火時期の特性

点火時期はエンジン速度の現在値と目標値の偏差に応じて PID 制御によって制御を行う。ここで，点火時期の特性から点火時期の範囲は 20〜50 deg. BTDC を利用する。PID パラメータの調整は CHR (Chien, Hrones and Reswick) 法

7.3 LOMを用いたエンジン始動制御系設計

に基づいて行う。CHR法は,ステップ応答波形を用いたパラメータ調整則である。ここで,点火時期のPID制御では,エンジン速度が目標値速度付近までの上昇前と上昇後の二つの状態に応じて,PID制御の積分動作のパラメータT_iの値を切り替えて使い分ける。目標値速度付近までの上昇前と上昇後の二つの状態では,エンジン速度の変動幅の大きさに違いがあるためである。

(4) スロットル開度コントローラ　スロットル開度もエンジン速度の現在値と目標値の偏差を利用してPID制御を施す。ここでもPIDパラメータはCHR法をベースに調整を行う。このときスロットル開度の範囲は,6.5 deg.〜7.5 deg. までを利用する。

7.3.3 制御シミュレーション

前述の制御系によるガソリンエンジンモデル上での制御シミュレーションを実行したときの筒内吸入空気量のモデルの計測値とLOMによる予測値を図**7.12**に示す。予測値は0.01秒ごとに将来の0.1秒後を予測している。以前のスロットル通過空気流量の積算による推定値(図7.4)と比較して,予測精度が大幅に改善していることが確認できる。局所的な激しい変動が一部で生じている現象は,0.01秒ごとに逐次的に予測を行うため,要求点と類似した過去の近傍データセットが十分に得られない箇所で良好な局所モデルを構成できないために生じている誤差と考えられる。しかしながら,筒内吸入空気量の時系列上の主要

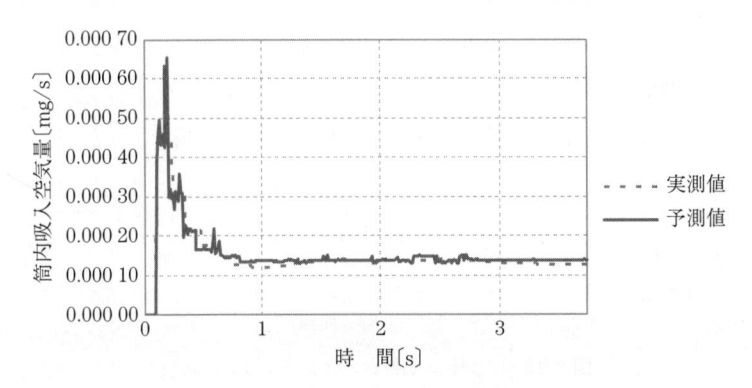

図**7.12**　LOMによる筒内吸入空気量の予測値

な傾向は類似しており良好な予測が行えている．

さらに，上記の予測値を用いた制御系のシミュレーション結果として，エンジン速度，スロットル通過空気流量，スロットル開度，燃料噴射量，空燃比，点火時期をそれぞれ図 **7.13** に示す．エンジン始動後，エンジン速度が 650 ± 50 rpm 付近に到達していることが確認できる．また，3秒後には，微小な振動をほと

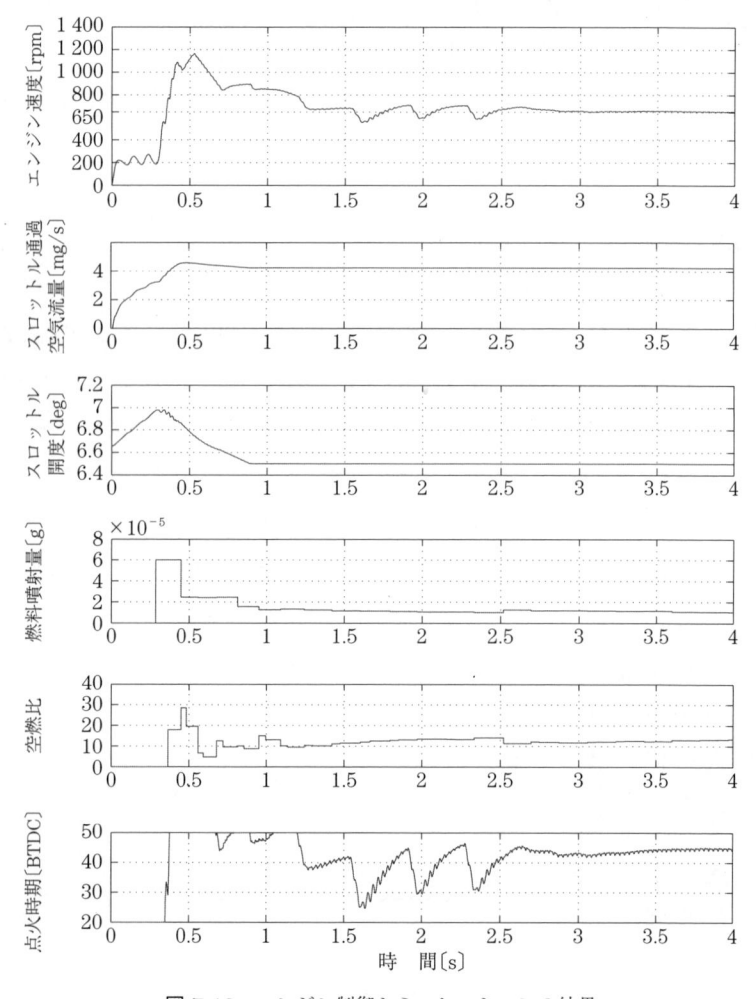

図 **7.13** エンジン制御シミュレーションの結果

んど生じさせずに約 650 rpm に到達していることがわかる。エンジン始動直後は空燃比が理論空燃比 14.7 から外れているが，4 秒後では理論空燃比に近い値を維持している。エンジン速度が 1 200 rpm 付近までオーバシュートしている点は改善の余地があるが，LOM を用いた制御系によってエンジン始動におけるエンジン制御が行えることがわかる。

　以上のように，LOM のエンジン制御への応用例の一例として，エンジンベンチマーク問題のガソリンエンジン始動制御へ LOM を応用する方法について述べた。理想的な空燃比を実現するためには，筒内に吸入される空気量の推定も重要であり，スロットル通過空気流量を積算するだけでは良好な予測精度が得られないため，より適切な筒内吸入空気量の将来予測を行う方法として LOM を紹介した。LOM により将来の筒内吸入空気量の予測精度を評価した結果，予測が十分に行えることが確認できた。最後に，LOM を用いたエンジン始動制御系を設計し，LOM を用いることにより動的な筒内吸入空気量の予測精度も改善し，望ましいエンジン速度の始動制御が実現できることを確認した。本章の適用例では，LOM によって筒内吸入空気量を予測する方法や LOM による予測を間接的に利用するエンジン始動制御系について紹介したが，LOM は予測だけではなく点火時期やスロットル開度などの制御に直接的に応用することも可能である。

引用・参考文献

1) Cybenko. G：Just-In-Time Learning and estimation, in Identification, Adaptation, Learning: The Science of Learning Models from Data (Nato a S I Series Series III, Computer and Systems Sciences), Edited by S. Bittanti and G. Picci, Springer, pp.423〜434 (1996)
2) Stenman, A., Gustafsson, F. and Ljung, L.：Just In Time Models For Dynamical Systems, Proceedings of 35th Conference Decision and Control, IEEE, pp.1115〜1120 (1996)
3) 鄭　秋宝，木村英紀：Just-In-Time モデリングによる圧延セットアップモデルの

学習，計測自動制御学会論文集，計測自動制御学会，Vol.37, No.7, pp.640〜646 (2001)
4) 牛田 俊，木村英紀：Just-In-Time モデリング技術を用いた非線形システムの同定と制御，計測と制御，計測自動制御学会，Vol.44, No.2, pp.102〜106 (2005)
5) 伊藤雅浩，松崎眞六，大貝晴俊，大館尚記，内田健康，斉藤信一，佐々木望：高炉操業における大規模データベースオンラインモデリング，鉄と鋼 ISIJ, Vol.90, No.11, pp.59〜66 (2004)
6) 内田健康，大貝晴俊，伊藤雅浩：大規模データベースオンラインモデリング-高炉への適用-，計測と制御，Vol.44, No.2, pp.107〜111 (2005)
7) 小川雅俊，田島順一，大貝晴俊，立野繁之，伊藤雅浩，松崎眞六，内田健康：大規模データベースオンラインモデリングのクロスプラットフォームシステムの開発と高速化，日本設備管理学会誌，Vol.19, No.1, pp.1〜8 (2007)
8) 小川雅俊，葉 怡君，大貝晴俊，立野繁之，内田健康：大規模データベースオンラインモデリングの逐次予測システムの構築と工業炉プロセスへの応用，計測自動制御学会産業論文集，Vol.7, No.4, pp.26〜32 (2008)
9) 葉 怡君，小川雅俊，吉永裕哉，大貝晴俊，内田健康：大規模データベースオンラインモデリングの廃棄物処理プロセスへの応用とガイダンス手法の提案，計測自動制御学会産業論文集，Vol.7, No.6, pp.40〜47 (2008)
10) Inoue, D. and Yamamoto, S.：An Operation Support System based on Database-Driven On-Demand Predictive Control, Proceedings of SICE Annual Conference, pp.2024〜2027 (2004)
11) Bontempi, G., Bersini, H. and Birattari, M.：The local paradigm for modeling and control from neuro-fuzzy to lazy learning, Fuzzy Sets and Systems, Vol.121, No.1, pp.59〜72 (2001)
12) 立野繁之，柘植義文，松山久義：大量の運転データを含むデータベースを利用した動的モデリング法の開発，電子情報通信学会（信学技報）Vol.102, No.383, pp.19〜24 (2002)
13) Christopher G. Atkeson and Stefan Schaal：Memory-based neural networks for robot learning, Neurocomputing, Vol.9, No.3, pp.243〜269 (1995)
14) 永田 靖，棟近雅彦：多変量解析法入門，サイエンス社，pp.71〜73 (2001)
15) 河口至商：多変量解析入門 I，森北出版，pp.27〜34 (1973)
16) 菅 民郎：多変量解析の実践（上）現代数学社，pp.70〜74 (1993)
17) 大畠 明：自動車エンジン制御 SICE ベンチマーク問題，計測自動制御学会「計測と制御」Vol.47, No.3, pp.208〜209 (2008)

18) 田中一仁, 劉 康志：SICE ベンチマークエンジンモデルの解析, 計測自動制御学会「計測と制御」Vol.47, No.3, pp.233~236 (2008)
19) 小川雅俊, 大貝晴俊：大規模データベースオンラインモデリングのエンジン始動制御への応用, 計測自動制御学会「計測と制御」Vol.47, No.3, pp.228~232 (2008)
20) Ogawa, M., Yeh, Y., Ogai, H., and Uchida, K.：The cold starting control of engine using Large scale database-based Online Modelling, Proceedings of the 17th International Federation of Automatic Control World Congress, pp.1030~1035 (2008)
21) 自動車技術会編：自動車の制御技術（自動車技術シリーズ2巻), 2章, 朝倉書店 (1997)
22) 高尾健司, 山本 透, 雛元孝夫：Memory-Based 型システム同定による一般化予測制御系の一設計, 電気学会論文誌 C, Vol.125, No.3, pp.442~449 (2005)
23) Lino Guzzella and Christopher H.Onder：Introduction to Modeling and Control of Internal Combustion Engine Systems, Springer-Verlag Berlin (2004)

8 探索的モデル予測制御によるエンジン始動制御

エンジン冷間始動時には燃焼における間欠性が顕著に表れ，制御性を悪くする．このとき制御上困難なのは，制御入力の点火時期・燃料噴射量が離散事象であること，入力の遅れ，燃焼プロセスの各行程においてダイナミクスが異なり，かつ強い非線形性を有すること，などである．本章では，まず物理的考察から燃料噴射量，スロットル開度と点火時期の各入力の役割を明確にする．その上，燃料噴射量制御による空燃比制御，点火時期によるトルク制御の方法を解説する．特に，点火時期に対して探索的モデル予測制御法を提案し，エンジン冷間始動時のエンジン速度追従制御を実現する．

多気筒エンジンでは各気筒の変数等を区別するには一般に添え字を使うが，ここでは添え字の煩雑さを避けるために，各気筒共通のモデルを示すとき気筒の番号を省く．気筒を区別する必要のあるときだけ添え字 i をつける．また，時間関数 $x(t)$ の時間微分を $\dot{x}(t)$ で表す．

8.1 制御系設計の指針

まず，本節ではエンジンのシステム構成から燃料噴射量，スロットル開度と点火時期の各入力が持つ制御上の役割について考察する．

8.1.1 燃料噴射量

一般的に燃料噴射量制御は低燃費・低排出化を図るための空燃比制御に用いられる．燃料噴射量を制御することは，本質的につぎの二つの意味合いを持つ．

1) 次式に示されるように，燃焼熱の総量 Q_{max} は気筒の燃料吸入量 m_f に比例する．比例係数は空燃比 $\lambda = m_a/m_f$ の関数 $q_w(\lambda)$ [†] である．

[†] 通常，テーブルで与えられる．

$$Q_{max} = q_w(\lambda) \cdot m_f \tag{8.1}$$

ただし，m_f は燃料噴射量と残留燃料量によって決まり，m_a は気筒の空気吸入量†である．

2) 空燃比を以下の範囲内に保つことによって失火を防ぎ，さらに空燃比を理想値 14.5 に制御することによって排気ガスを処理する三元触媒の効率最大にする[1],[2]．

$$9 \leq \lambda \leq 22 \tag{8.2}$$

1 番目の観点から燃料噴射量の制御はトルク制御ともいえる．しかしながら，より重要なのは 2 番目の失火防止と空燃比制御である．よって，ここでは燃料噴射量制御の役割を吸気量 m_a に対応する燃料吸入量 m_f に制御することで失火を防ぎ，失火によるトルク制御不能を防ぐこととする．トルクへの影響については，理論空燃比以上では $q_w(\lambda)$ がほぼ一定値になる特徴を生かして，空燃比を一定以上に保つことでトルク制御への影響を減らす．

8.1.2 スロットル開度

スロットル開度制御は低燃費・低排出化はもちろん，エンジン始動後の急激な加速にも用いられる．エンジンにおいて気筒吸気量 m_a は，燃焼熱に関係する．燃料噴射量制御によって空燃比が一定に制御される場合，空気吸入量 m_a を増やすと燃料量 m_f も増えるので，式 (8.1) より燃焼熱の総量 Q_{max} も増大する．

エンジンモデルを用い，点火時期を一定とし，空燃比を一定となるように燃料噴射量を設定した上でスロットル開度 u_{th} をそれぞれ 0 deg, 50 deg としたときの圧力変化を図 **8.1** に示す．図示していないが，このときエンジン速度は単調増加している．この図からスロットル開度の差による圧力差がエンジン低回転時には低く，高回転になるにつれ大きくなることがわかる．したがって，エンジン速度が高くなったときスロットル開度は速度制御を支配するようになる．

---

† 吸気バルブが開いてから閉じるまでに吸入した空気の量．

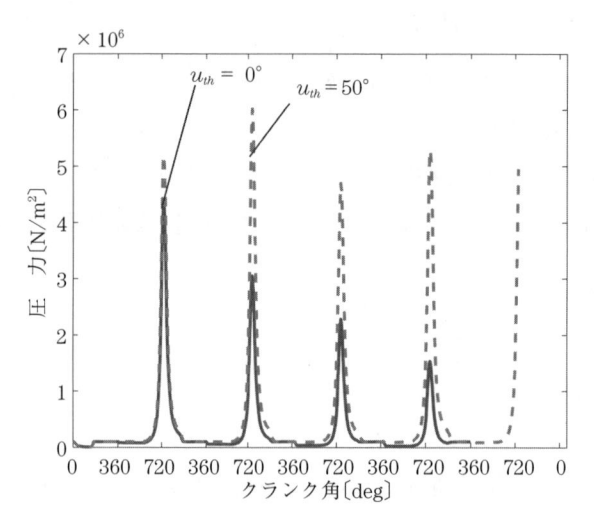

図 **8.1** 圧力とスロットル開度の関係

8.1.3 点 火 時 期

点火時期制御は一般的に低燃費・低排出化・トルク制御全般に用いられる。エンジンでは，燃焼熱 $q_+(\theta)$ は Wiebe 関数を用いてつぎのように表される[3),4)]。

$$q_+(\theta) = Q_{max}\left[1 - \exp\left\{-A\left(\frac{\theta - \theta_s}{\triangle\theta}\right)^{m+1}\right\}\right] \tag{8.3}$$

$$\theta_s = -53.2 + u_{sa}\ [\text{deg}], \ \triangle\theta = 60 + \frac{u_{sa}}{2}\ [\text{deg}] \tag{8.4}$$

ただし θ_s は点火開始時期，$\triangle\theta$ は燃焼期間である。

本式では燃焼パラメータ m, A は燃焼室形状などによって決まる定数であり，制御入力は点火時期 u_{sa} だけとなる。スロットル開度，燃料噴射量の変化は燃焼熱総量 Q_{max} 自体を変化させ圧力を変化させるのに対し，点火時期の変化はあくまでサイクルごとに燃焼熱総量 Q_{max} 内で圧力を変化させているにすぎず，長期的に見るとトルクに対する影響は小さい。しかし図 8.1 に示したように，エンジン始動時にはスロットル開度が大きく変化したにもかかわらず圧力に差がさほどないことから，始動時にスロットル開度の影響は少なく，燃焼熱の総量 Q_{max} がほぼ同じであると考えられる。

8.1 制御系設計の指針

一方,図 8.2 にスロットル開度を 5 deg で一定とし,空燃比が一定となるように燃料噴射量を設定した上で,点火時期 u_{sa} をそれぞれ 5 deg, 40 deg としたときの圧力変化を示す.図 8.1,図 8.2 の圧力差を比較すると,エンジン始動時に点火時期の影響が大きいことがわかる.さらに,図 8.2 では適当に点火時期を 5 deg, 40 deg に選んだが,最適点火時期と比較するとさらにその圧力差が大きくなる.ゆえに,点火時期の制御はエンジン始動時のトルク制御にきわめて重要である.

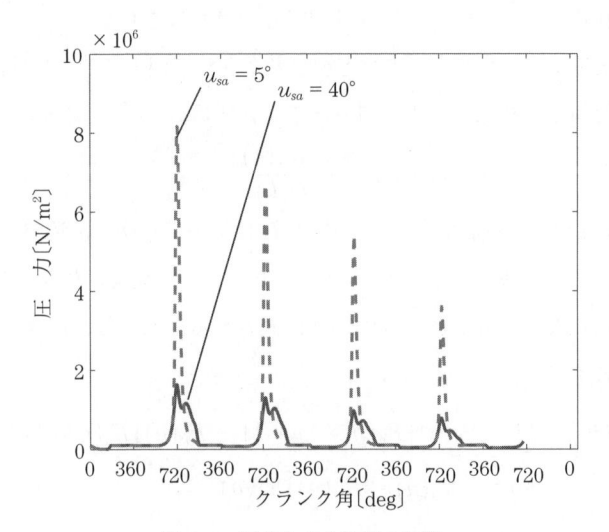

図 8.2 圧力と点火時期の関係

以上をまとめると,エンジン始動時の制御指針はつぎのようになる.
1) まず,燃料噴射量制御により空燃比を一定にしておく.
2) スロットル開度は低速時に低くし,高速時に高くするように区分的に定数となるように決める.
3) エンジン速度応答の制御はおもに点火時期で行う.

以下の各節では,それぞれ燃料噴射制御,点火時期制御の方法について詳しく説明する.

8.2 燃料噴射量制御

ここでは燃料噴射量を制御することで，空燃比が目標値となるような混合気を生成する．手法としては，吸気量を求めてから，燃料モデルに基づいて燃料噴射量を決定する．ここで問題なのは，燃料噴射量が決定されるクランク角は吸気行程始点 $\theta_{in} = 360$ deg に対して，気筒吸気量は吸気行程終点 $\theta_c = 580$ deg で決定される．そのため，吸気量は推定しなければならない．

気筒吸気量の推定にさまざまな方法が考案されている．ここでは，文献 5) で提案されたつぎの推定モデルを用いることにする．

$$\hat{m}_a(k+1) = A \cdot \hat{m}_a(k) + B \cdot \frac{\dot{m}_{th}(k)}{\omega(k)} \tag{8.5}$$

ただし，k はサンプル数を表す．係数 A, B は最小二乗法で試験データより決定できる．なお，初期値 $m_a(0)$ はエンジンモデルから観測したものを用いた．

一方，燃料吸入量 m_f はつぎのように表される．ただし，n はシリンダサイクル数を表す．

$$m_f(n) = \{1 - P_p(n)\}F_p(n-1) + \{1 - P_v(n)\}F_v(n-1)$$
$$+ \{1 - R_p(n) - R_v(n)\}u_f(n) \tag{8.6}$$

$$F_p(n) = R_p(n)u_f(n) + P_p(n)F_p(n-1) \tag{8.7}$$

$$F_v(n) = R_v(n)u_f(n) + P_v(n)F_v(n-1) \tag{8.8}$$

ここで，$F_p(n)$ はポート付着量，$F_v(n)$ はバルブ付着量である．R_p, P_p, R_v, P_v はそれぞれポートおよびバルブの燃料付着率と残留率を表し，ポート/バルブ温度の関数である．

いま，n サイクル目の空燃比の目標値を $\lambda(n)$ とすると，必要な気筒内燃料量は $m_f(n) = m_a(n)/\lambda(n)$ となるが，吸気量の推定値 $\hat{m}_a(n)$ しか使えないので，必要な気筒内燃料量の推定値は

$$\hat{m}_f(n) = \frac{\hat{m}_a(n)}{\lambda(n)} \tag{8.9}$$

で与えられる。すると、式 (8.6) よりこれを達成できる燃料噴射量 u_f はつぎのように決まる。

$$u_f(n) = \frac{\hat{m}_f(n) - \{1 - P_p(n)\}F_p(n-1) - \{1 - P_v(n)\}F_v(n-1)}{1 - R_p(n) - R_v(n)} \quad (8.10)$$

注意点として、以下を述べておく。

1) この逆モデルでは吸気ポートと吸気バルブ温度を必要とする。温度が必要な理由として、これらの温度によって付着・蒸発の係数が大きく変化し、考慮しないと失火してしまう可能性が大きく増えるからである。これらの温度は通常用いることができないが、ここでは直接観測することにした。

2) 冷間始動時にポートおよびバルブの燃料付着量が多い場合がある。場合によっては、式 (8.10) で計算した値が負になる。この場合、燃料噴射量 u_f を零とする。当然、このとき空燃比の制御ができていない。後に紹介する点火時期のモデル予測制御で空燃比を計算するとき、式 (8.6) を用いて m_f を求める必要がある。

8.3 点 火 時 期 制 御

点火時期の役割は始動時のエンジン速度を制御する上で最重要である。実装時、点火時期は気筒クランク角 $\theta = 580$ deg で決定するが、実際に印加されるのは $\theta = 665$ deg 前後であり遅れがある。また、点火するのは1サイクル中気筒ごとにただ1回のみである。すなわち、点火動作は離散事象である。連続ダイナミクスに対してモデル予測制御（以下、MPC）技術はある程度成熟しているが、離散事象的な入力を持つ複雑な非線形システムに対応できる MPC がまだ確立されていない。そこで、本章では点火時期の予測期間が短く点火可能なクランク角の範囲が既知であることに着目して、探索による MPC 制御法を提案する。

8.3.1 探索的 MPC の概要

予測吸気量 $\hat{m}_a$,燃料吸入量 $\hat{m}_f$ は $\theta = 360$ deg のときにすでに決定されているため,点火時期 u_{sa} を入力,エンジン速度 ω を出力とする 1 入力系で考えることができる。したがって,最適点火時期の決定手順は以下のようになる。

1) 点火可能なクランク角範囲からいくつかの点火時期候補を選択する。
2) 点火時期候補を予測モデルに印加して,エンジン速度 $\hat{\omega}$ を予測する。
3) 予測したエンジン速度の軌道 $\hat{\omega}$ を目標軌道 $S(t)$ と比較し,偏差(評価関数)が最小となる最適な点火時期を求め,エンジンモデルへ印加する(図 **8.3** 参照)。

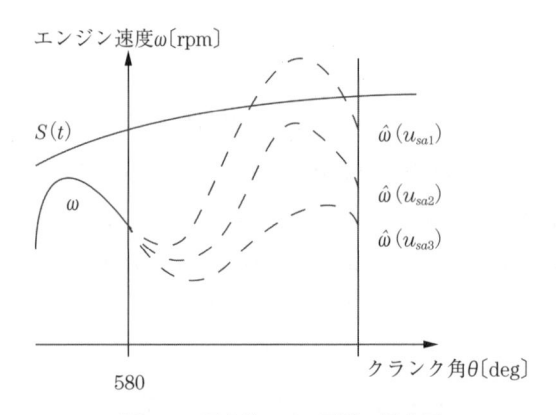

図 **8.3** 探索的モデル予測の概念図

探索の性格上,演算時間がかかり実時間での実装が困難である。しかし,信頼できるエンジンモデルを持っている場合,これを実機としてシミュレーションすることにより最適な点火時期マップを効率的に作成できる。さらに,このように作成した点火時期マップを実機に適用し,実験結果を見ながらマップを微調整すれば実用的な点火時期テーブルを短期間で作成できる。

予測制御を行う際,重要なのは簡略化した予測モデルの構築,予測期間,目標軌道と評価関数の決定,ならびに探索方法,探索範囲の決定である。以下の項ではこれらについて説明していく。

8.3.2 予測モデル

点火時期からエンジン速度までの予測モデルを構築する上でエンジンモデル全体を扱うのはあまりに複雑であり，不必要である．そのため，点火時期から速度までに関連するモデルのみ考えることにする．そして，各行程における圧力の変化を詳しく調べ，できるだけ簡単な予測モデルを作る．

まず，エンジンのシリンダサイクルは図 **8.4** に示されるように四つの行程に分かれる．各行程におけるモデルはそれぞれ式 (8.11)〜(8.14) で表される．ただし，モデル中の各変数の意味は表 **8.1** に示す．

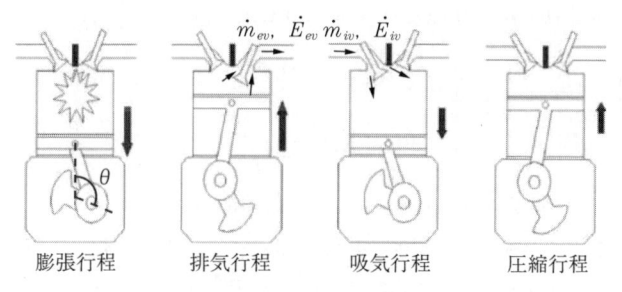

図 **8.4** シリンダサイクル

表 **8.1** 各変数の意味

m_c	筒内空気量	p_c	筒内圧力
$\dot{m}_{iv}$	吸気バルブ通過空気流量	$\dot{E}_{iv}$	吸気バルブ通過エネルギー流量
$\dot{m}_{ev}$	排気バルブ通過空気流量	$\dot{E}_{ev}$	排気バルブ通過エネルギー流量
q_+	燃焼熱エネルギー	q_-	熱損失
V_c	気筒体積		

- 膨張行程 ($\theta_s < \theta \leq \theta_e = 140$ deg)

$$\frac{d}{dt}\begin{bmatrix} m_c \\ \frac{5}{2}p_c V_c \end{bmatrix} = \begin{bmatrix} 0 \\ \dot{q}_+ - \dot{q}_- - p_c \dot{V}_c \end{bmatrix} \tag{8.11}$$

- 排気行程 ($\theta_e = 140 \text{ deg} < \theta \leq \theta_{in} = 360 \text{ deg}$)

$$\frac{d}{dt}\begin{bmatrix} m_c \\ \frac{5}{2}p_c V_c \end{bmatrix} = \begin{bmatrix} -\dot{m}_{ev} \\ -\dot{E}_{ev} + \dot{q}_+ - \dot{q}_- - p_c \dot{V}_c \end{bmatrix} \quad (8.12)$$

- 吸気行程 ($\theta_{in} = 360 \text{ deg} < \theta \leq \theta_c = 580 \text{ deg}$)

$$\frac{d}{dt}\begin{bmatrix} m_c \\ \frac{5}{2}p_c V_c \end{bmatrix} = \begin{bmatrix} \dot{m}_{iv} \\ \dot{E}_{iv} - \dot{q}_- - p_c \dot{V}_c \end{bmatrix} \quad (8.13)$$

- 圧縮行程 ($\theta_c = 580 \text{ deg} < \theta \leq 720 \text{ deg} - \theta_s$)

$$\frac{d}{dt}\begin{bmatrix} m_c \\ \frac{5}{2}p_c V_c \end{bmatrix} = \begin{bmatrix} 0 \\ -\dot{q}_- - p_c \dot{V}_c \end{bmatrix} \quad (8.14)$$

ここで，$\theta_s = -53.2 + u_{sa}$ deg は点火時期である．

圧縮・膨張行程ではエネルギーと空気量の流入・流出がなく，気筒内のエネルギーのみ考えればよい．一方で，吸気・排気行程では気筒へのエネルギーの流入・流出を考えなければならない．そのため，吸気・排気行程では吸気系モデルや排気系モデルの挙動も考える必要があり，その演算量は膨大になってしまう．しかし，圧縮・膨張行程に比べ，吸気・排気行程では圧力変化が小さいため，一定値と置ける（図 8.1, 図 8.2 参照）．すなわち，圧縮・膨張行程のみを考えればよい．以上の考察から予測に使うモデルを以下のものとする．

- クランク角 θ：

$$\dot{\theta} = \omega \quad (8.15)$$

- エンジン速度 ω：

$$\dot{\omega} = \left(v^T M v\right)^{-1} v^T \left(T - M\frac{dv}{d\theta}\omega^2\right) \quad (8.16)$$

$$v = \left[v_c(\theta), \cdots, v_c\left(\theta - \frac{2\pi(i-1)}{3}\right), \cdots, v_c\left(\theta - \frac{10\pi}{3}\right), 1\right]^T$$

$$M = \text{diag}[m_{p_1}, \cdots, m_{p_6}, J_{fw} + J_c]$$

$$T = [f_1, \cdots, f_6, \ \tau - \tau_f]^T; \ f_i = A_b\{p_{c_i} - p_0\}, i = 1, \cdots, 6$$

なお，式中各変数の意味については文献 6) を参照されたい．

- 膨張行程圧力 $p_c(\theta_s < \theta \leq \theta_e = 140 \text{ deg})$：

$$\dot{p}_c = \frac{2}{5V_c}\left(\dot{q}_+ - \dot{q}_- - \frac{35}{4}p_c\dot{V}_c\right) \tag{8.17}$$

- 圧縮行程圧力 $p_c(\theta_c = 580 \text{ deg} < \theta \leq 720 \text{ deg} - \theta_s)$：

$$\dot{p}_c = \frac{2}{5V_c}\left(-\dot{q}_- - \frac{35}{4}p_c\dot{V}_c\right) \tag{8.18}$$

- 熱損失 q_-（Woschini の公式）：

$$\dot{q}_- = K_h \cdot (\omega)^{0.786}(p_c)^{0.786}(T_g)^{-0.525}(T_g - T_p) \tag{8.19}$$

- 燃焼熱 q_+：

$$\dot{q}_+ = \omega \cdot q_w(m_a/m_f) \cdot m_f \cdot \frac{d}{d\theta}\left[1 - \exp\left\{-A\left(\frac{\theta - \theta_s(u_{sa})}{\Delta\theta(u_{sa})}\right)^{m+1}\right\}\right] \tag{8.20}$$

- ポート温度 T_{pL}（L 側），T_{pR}（R 側）：

$$\dot{T}_{pL} = \sum_{i=1}^{3}\frac{H_p(\dot{q}_-)_{2i-1} - K_p(T_{pL} - T_a)}{C_{po}} \tag{8.21}$$

$$\dot{T}_{pR} = \sum_{i=1}^{3}\frac{H_p(\dot{q}_-)_{2i} - K_p(T_{pR} - T_a)}{C_{po}} \tag{8.22}$$

ただし，ガス温度 T_g を $T_g = \dfrac{p_c V_c}{m_a R_{air}}$ とする（R_{air}：気体定数）．上述の連立微分方程式を数値的に計算することによってステップごとの圧力 p_c，エンジン速度

ω, ポート温度 T_p が得られる。また，予測の際に必要となる初期値については次節で説明する。

なお，式 (8.16) からわかるようにエンジン速度は一つの気筒の圧力 p_{c_i} だけで決まるわけではなく，すべての気筒の圧力が必要である。

図 8.5 は以上で簡略化した予測モデルとエンジンのフルモデルを使って計算した気筒圧力を比較した結果である。図中，実線が予測モデル，点線がフルモデルの圧力応答を示す。この図からわかるように，両者はよく一致している。

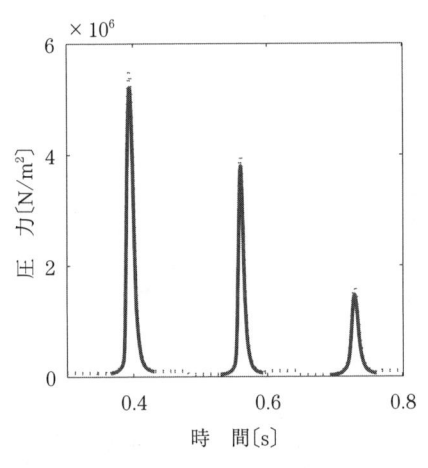

図 8.5 予測モデルの検証

8.3.3 予 測 期 間

原理的には，予測制御は予測期間が長いほどよりよい解が得られる。しかし，燃焼という周期性を持つハイブリッド過程の性格上，任意に予測期間を長くすることはできない。その決定には吟味を要する。

図 8.6 に i 番気筒の点火時期の予測期間を示す。i 番気筒の圧縮行程始点（点火時期決定直前）$\theta_i = 580$ deg から燃焼行程終点 $\theta_i = 860(140)$ deg までのエンジン速度を予測している。この予測期間に決定した理由はつぎのとおりである。

8.3 点火時期制御

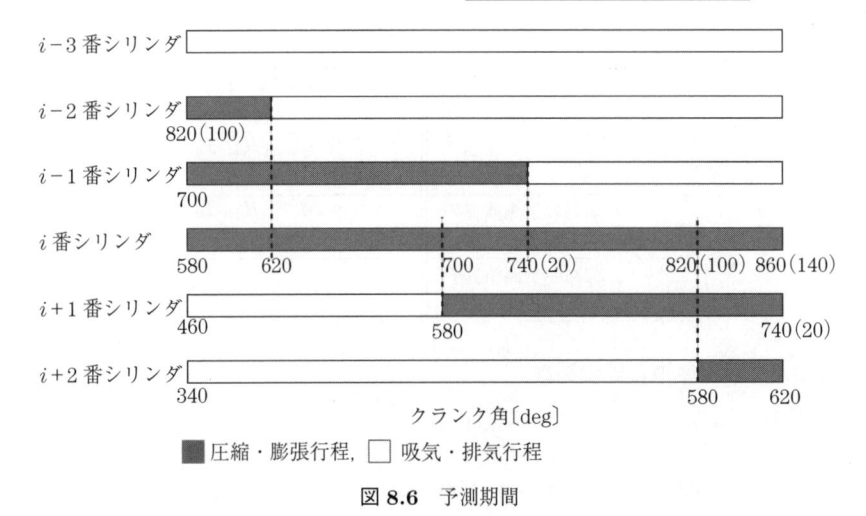

```
i-3 番シリンダ
i-2 番シリンダ
         820(100)
i-1 番シリンダ
         700
i 番シリンダ
         580    620        700   740(20)      820(100) 860(140)
i+1 番シリンダ
         460            580                          740(20)
i+2 番シリンダ
         340                             580     620
                          クランク角〔deg〕
           ■ 圧縮・膨張行程,  □ 吸気・排気行程
```

図 **8.6** 予測期間

- i 番気筒のクランク角が $\theta_i = 580$ deg のとき, $i+2$ 番気筒のクランク角が 340 deg であり, その予測吸気量 $M_{c_{i+2}}$ はまだ決定されていない。仮に速度への影響力が低い圧縮時においてその吸気量を $M_{c_{i+2}} \approx M_{c_{i+1}}$ としても, 最大で $i+2$ 番気筒膨張行程直前の $\theta_{i+2} = 665$ deg 付近, すなわち i 番気筒が $\theta_i = 905(185)$ deg 付近までしか予測できない。

- 入力である点火時期 u_{sa_i} の影響を考えると, i 番気筒は $\theta_i = 860(140)$ deg 以後排気行程に入り圧力がほぼ一定となるため, 点火時期 u_{sa_i} が $\theta_i = 860$ deg 以後速度 ω にほとんど影響しなくなる。

もう一つのポイントは, $i+1$ 番気筒の点火時期を i 番と同じにし, つまり $u_{sa_{i+1}} = u_{sa_i}$ としてこの期間の予測を行うことである。これによって演算負荷を大幅に低減できる。

また, $\theta_i = 580$ deg のとき各気筒体積を V_{c_j}, $i+1, i+2$ 番の気筒のガス温度を常温 T_a とし, i 番気筒の点火時期を予測するときに使う各初期値は**表 8.2** のようにする。

なお, 各気筒の圧力 p_{c_j} は吸気, 排気行程で一定としているため予測誤差が溜まることはない。

表 8.2 予測用初期値

ω	実測	p_{c_i}	$\dfrac{M_{c_i} R_{air} T_a}{V_{c_i}}$
T_p	実測	$p_{c_{i+1}}$	$\dfrac{M_{c_{i+1}} R_{air} T_a}{V_{c_{i+1}}}$
$p_{c_{i-2}}$	前回の予測演算の値を使用	$p_{c_{i+2}}$	$\dfrac{M_{c_{i+2}} R_{air} T_a}{V_{c_{i+2}}}$
$p_{c_{i-2}}$	前回の予測演算の値を使用		

8.3.4 目標軌道と評価関数

目標軌道は以下のように指数関数に設定する．

$$S(t) = 650 - e^{-(t-t_0)/T_r} \times (650 - \omega_0) \tag{8.23}$$

ここに，T_r は時定数，t_0, ω_0 は制御開始時刻と初期速度である．目標軌道は図 8.7 に示される．

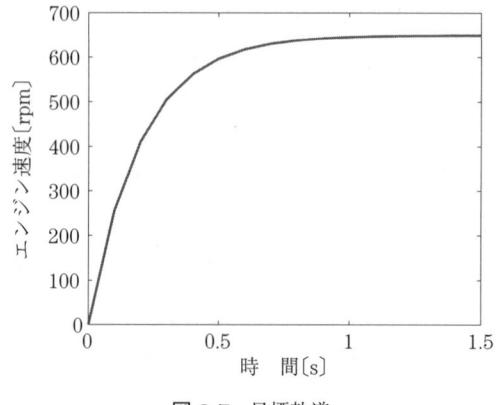

図 8.7 目標軌道

評価関数は次式のように，予測期間内の速度の二乗誤差積分とする．

$$J = \int_{580}^{860} (S(t) - \hat{\omega})^2 d\theta \tag{8.24}$$

また，過大な行き過ぎ量を避けるために，$\max(\hat{\omega}) > 700$，すなわち予測した最大エンジン速度が 700 rpm を超えたらその解を切り捨てる．

8.3.5 点火時期決定方法

前に述べたように，離散事象的な入力はいままでのMPC法では求められない．そこで，入力である点火時期の特徴を考え，探索的に最適解を求める．

（1）点火時期の特徴　点火時期が早い場合には上死点前の圧縮仕事が大きく熱損失，機械損失が増大し出力が低下する．一方，遅延点火では膨張比が小さくなり，排気損失が増大し出力が低下する．また，一般に始動時のエンジンは全体的に温度が低い．温度が低すぎると，燃費効率が低下してしまう．そこで，早期点火を誘発し，熱損失を増大させて温度の上昇を狙うことにする．この考慮から点火時期 u_{sa} の探索範囲 $[u_{sa min}, u_{sa max}]$ を決定できる．

（2）解の探索方法　最適な点火時期の探索法として二分法を適用する．これは，解を含む区間の中間点を求める操作を繰り返すことによって最適解を求めるアルゴリズムである．以下では，図 **8.8** を用いて関数 $J(u)$ を最小にする問題を例に最適な u を求める方法について説明する．

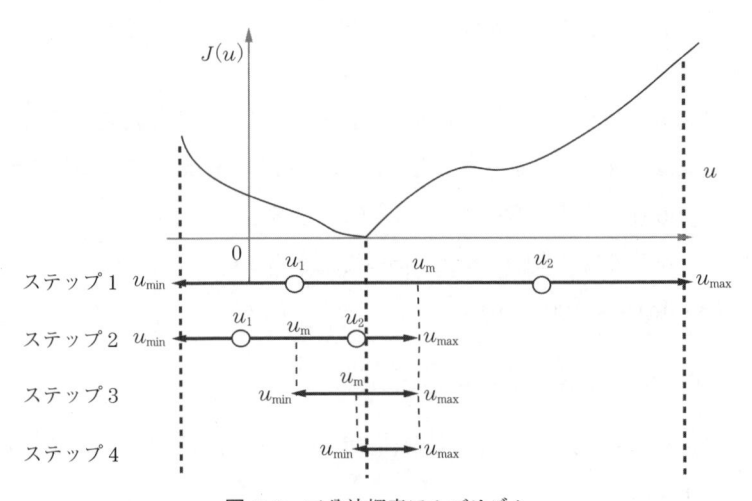

図 **8.8**　二分法探索アルゴリズム

1) 探索区間の下限 u_{min} と上限 u_{max} を定める．
2) u_{min} と u_{max} の中間点 u_m を求める．
3) u_{min} と u_m，u_{max} と u_m の中間点 u_1, u_2 を求める．

4) $J(u_1)$ と $J(u_2)$ を比べ，小さい値を取る u を新しい u_m とし，これを中点として含む区間の両端を新たに u_{min}, u_{max} とおく（図8.8のステップ2）．

5) 3) に戻って計算を繰り返すことにより，$J(u)$ を最小にする u に近づける．u は u_{min} と u_{max} の間に存在するので，u_{min} と u_{max} の間隔は繰り返す度に 1/2 に狭められ，u は最適解に近づく．よって，n 回繰り返したとき，その精度はつぎのようになる．

$$\frac{u_{max} - u_{min}}{2^n} \tag{8.25}$$

（3） 探索範囲の決定　　離散事象である点火時期を探索する際，探索の効率を上げるために適切に探索範囲を決めることがきわめて重要である．一般に，エンジン速度や吸気量に大幅な変化がない場合，最適な点火時期も大きく変化しない．これは，マクロ視点で見るとき最適な点火時期がエンジン速度や吸気量の滑らかな関数と考えられるためである．一方，失速や異常燃焼が発生したとき，エンジン速度や吸気量が大きく変化し，点火時期の最適解もこれに応じて大幅に変わる．

この考え方に基づいて，点火時期の探索区間をつぎのように設定する．ここでは，エンジン速度のみを考慮した．以下，$\omega(\theta_j = x \text{ deg})$ で j 番気筒のクランク角が x deg であるときのエンジン速度を表す．

1) エンジン速度に大幅な変化があったとき（$|\omega(\theta_i = 580 \text{ deg}) - \omega(\theta_{i-2} = 580 \text{ deg})| > 100$ rpm）

$$u_{sa_{min}} \leqq u_{sa} \leqq u_{sa_{max}} \tag{8.26}$$

2) エンジン速度がほぼ一定のとき（$|\omega(\theta_i = 580 \text{ deg}) - \omega(\theta_{i-2} = 580 \text{ deg})| \leqq 100$ rpm）

$$u_{sa_{i-1}} - k \leqq u_{sa_i} \leqq u_{sa_{i-1}} + k \tag{8.27}$$

ただし，k は定数である．つまり，エンジン速度（平均値）がほぼ一定のときは一つ前の気筒の点火時期 $u_{sa_{i-1}}$ の周辺で探索を行い，エンジン速度（平均値）に

大きな変化があるとき，あらかじめ指定した広い範囲で探索を行う．この場合分けは，現在の気筒と二つ前の気筒が点火時期を決めるべきクランク角になったときのエンジン速度の差をもとに決めている．直前の気筒ではなく，二つ前の気筒のときのエンジン速度との差を用いるのは，エンジン速度に乗っているリップルの影響をなるべく抑え平均的な速度を取り出すためである．

8.4 数値シミュレーション

本書付録にあるエンジンモデル[7]を実機とみなして，1.5秒間のシミュレーションを行った．

スロットル開度は実験的に0.7秒まで0 deg，以後5.4 degと設定した．また，制御系設計で紹介したパラメータは以下のように設定した．

- 目標空燃比：$\lambda = 19$（1サイクル目），$\lambda = 14.5$（2サイクル目以後）

- 点火時期探索範囲：$u_{sa_{min}} = -10$, $u_{sa_{max}} = 30$, $k = 10$

目標空燃比は各気筒の1サイクル目のみ高めに設定し，以後理論空燃比14.5となるように設定した．1サイクル目の目標空燃比を高めに設定することにより，付着燃料を早く燃やすことを狙う．シミュレーション結果を図**8.9**～図**8.12**

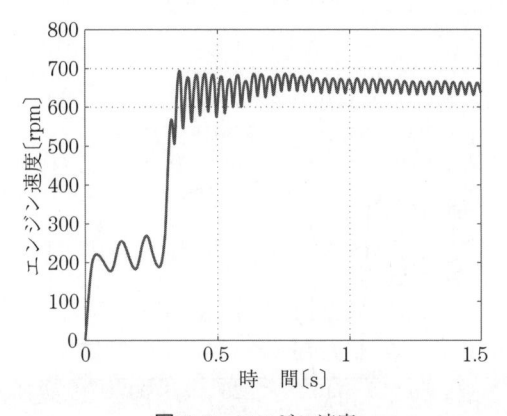

図**8.9** エンジン速度

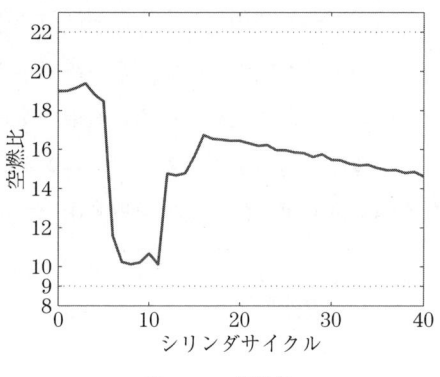

図 8.10　空燃比

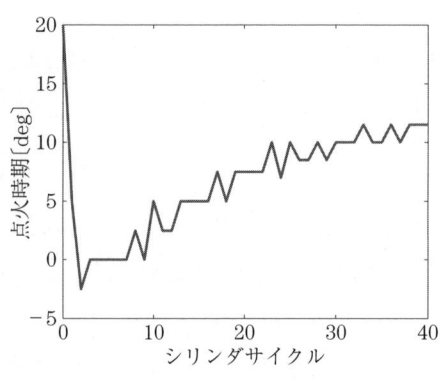

図 8.11　点火時期

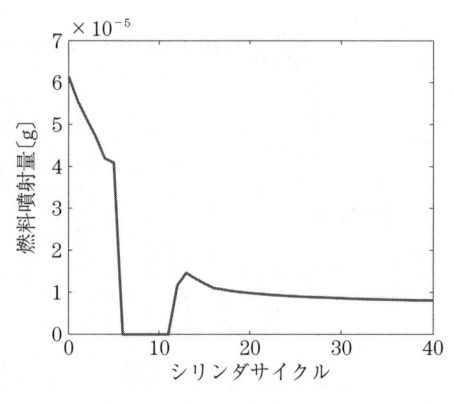

図 8.12　燃料噴射量

に示す.

図 8.9 のエンジン速度応答から，エンジン速度が目標速度に収束し，設計仕様を満たすエンジン始動制御が実現できていることを見て取れる．また，図 8.10 の空燃比応答から空燃比が $[9, 22]$ の範囲内に収まっており，失火していないことがわかる．特に，図 8.10，図 8.11 と図 8.12 を見ると，過渡応答のときにこそ空燃比，点火時期，燃料噴射量がともに大きく変化するが，定常状態になってからはそれぞれある一定値に収束している．これらは燃料噴射量による空燃比制御，点火時期による速度制御の有効性を示すものである．

さらに，目標値の変化に対する性能を確認するため，目標速度を 750 rpm にしたときの結果を図 8.13 に示す．この図から，目標値の変化に対しても良好な追従性を示していることがわかる．

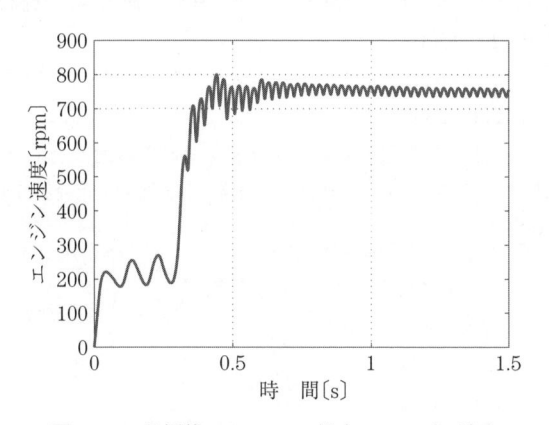

図 8.13 目標値 750 rpm の場合のエンジン速度

本章で示したようにエンジンの最大の特徴は，連続ダイナミクスとクランク角で切り替わるダイナミクスが混在すること，ならびに離散事象的な入力が存在することである．これらのハイブリッド性が顕著に現れるエンジン冷間始動時において，点火時期制御がトルク制御に最も重要である．空燃比を燃料噴射量制御により一定にした上，探索的モデル予測制御を用いて効率的に離散事象入力である点火時期を最適に決定することができる．本手法はホワイトボック

ス的な制御方法であり，付録にある SICE ベンチマーク問題の設計仕様を満たすエンジン制御を実現できた．

引用・参考文献

1) 自動車技術会：自動車技術ハンドブック 1 基礎・理論編，2 設計編 (1990)
2) 村山 正，常本秀幸：自動車エンジン工学，山海堂 (1997)
3) 申 鉄龍，吉田正武：自動車エンジンのダイナミクスとモデリング，計測と制御，vol.47, no.3, pp.192〜197 (2008)
4) L. Guzzella, C.H. Onder：Introduction to Modeling and Control of Internal Combustion Engine Systems, Springer (2004)
5) 六所俊博，山北昌毅：PSO によるフィードフォワード入力列探索と JIT モデリングによる GPC—エンジン始動ベンチマークへの適用—，計測と制御，vol.47, no.3, pp.219〜223 (2008)
6) 田中一仁，劉 康志：SICE ベンチマークエンジンモデルの解析，計測と制御，vol.47, no.3, pp.233〜236 (2008)
7) 大畠 明：モデルベース開発とエンジンモデル—制御理論と企業のギャップについて—，SICE エンジン・パワートレイン先端制御理論研究会第 1 回講演資料，慶応大学 (2006)

付録 A SICEエンジン制御ベンチマーク問題

　自動車は地球温暖化や大気汚染，エネルギー枯渇，および交通安全などの重大な社会問題に直面している．一方では，市場の要求にタイムリーに答えるために開発期間の短縮が望まれている．これらの問題を解決するために，自動車の各種制御において，先端制御理論の活用が期待されている．これまでの先端制御理論は，単発的利用が多く継続的に利用される例は少なかった．これは，企業側が積極的に開発プロセスに組み入れる努力をしていなかったことが原因の一つであろう．また，制御理論を研究する学術界とそれを活用したい企業間の連携が十分でなかったことも考えられる．それは学術界が産業界の抱える問題の要件を知るのが簡単でないことと，自動車産業がその問題解決にどんな制御技術が適切であるかを知ることが困難であることも一因である．この問題を少しでも解決に近づけるために，SICEエンジン・パワートレイン先端制御理論調査研究会が計画され，2006年4月から3年間の活動を行った．

　先端制御理論研究の現場では，自動車またはその構成ユニット（特にエンジンなど）を用いた実験設備がほとんどなく，それに代わる共有可能なシミュレーションモデルも存在しない．これは，先端制御理論研究者にとって自動車の制御研究の大きな妨げとなるため，研究会は自動車のシミュレーションモデルを構築し，制御課題を設定して，ベンチマーク問題として提供することとした．

　このSICEベンチマーク問題の第1段は，自動車制御の中でも最も重要な問題の一つであるガソリンエンジンの始動問題とした．大気汚染上，強く意識すべき排出ガスのほとんどは，エンジン始動直後のエンジンが冷えている短期間で排出される．またさらに，燃費を向上する機構であるハイブリッド・システ

ムやアイドル・エンジンストップ・システムにおいては，振動の少ないスムーズな停止・再始動の要件が追加される．しかし，エンジンの燃焼は間欠的な現象であり，始動時および始動直後の低いエンジン速度でその現象はより顕著に現れるため，これらの要件を実現する制御を構築することは容易な作業ではない．

エンジンモデル[1]~[3] は，Simulink によって構築され，そのすべての内容は，隠蔽されることなく公開されているが，それぞれの部品ブロックの細部について説明するドキュメントはまったくない．そのため，ベンチマークの挑戦者は最初にエンジンモデルを分析する必要がある．この状況は，企業における実際のエンジン制御開発者とまったく同様である．

A.1 エンジンモデル

図 **A.1** に，提供したエンジンモデルを示す．エンジン本体，スタータモータ，および制御ブロックから構成される．エンジン速度，吸気管圧力，スロットル弁通過空気流量，および1番シリンダのクランク角度をモニタするためにスコープブロック (scope) が追加されている．エンジンへの制御入力は，スロットル開度，各気筒に対する燃料噴射量と点火時期であり，コントローラへの入力はクランク角度，エンジン速度，スロットル弁通過空気流量である．挑戦者はコントローラの入力と出力の変更は認められず，制御ブロック内を修正すること

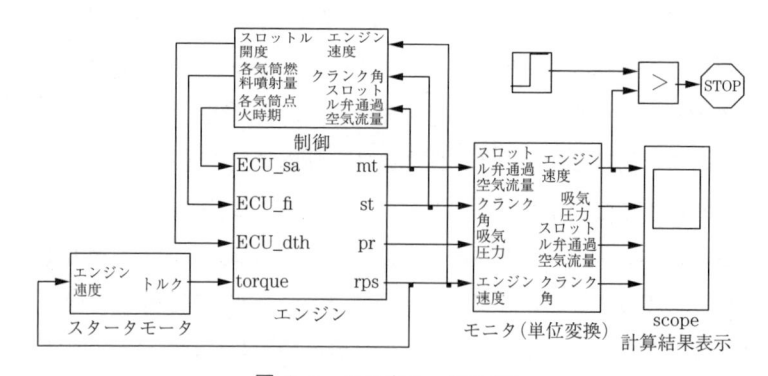

図 **A.1**　ベンチマークモデル

だけ許される.

図 **A.2** に,エンジン始動時および始動直後のエンジン速度の一例を示す.燃焼(着火)開始前のエンジン速度はスタータモータにより 250 rpm で制御され,着火後は空気と燃料の質量比である空燃比,スロットル開度,および点火時期を一定にした結果である.筒内燃料量 F_{cr} は,式 (A.1) に示すように,燃焼室内に吸気行程中に吸い込まれた空気量 M_c に対して,理論空燃比に制御する.

$$F_{cr} = \frac{M_c}{14.5} \tag{A.1}$$

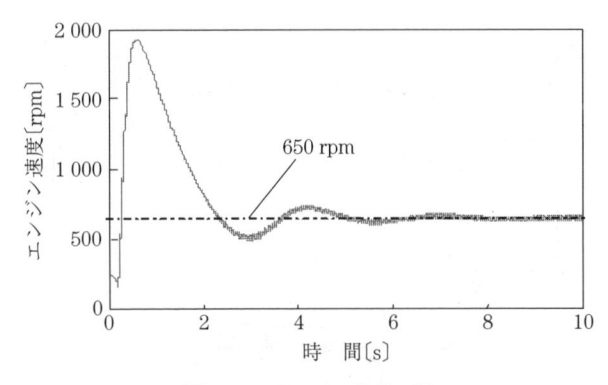

図 **A.2** エンジン始動の例

エンジン速度は,着火後 2 000 rpm 付近まで急上昇した後に降下して,振動しながら徐々に 650 rpm に収束している.エンジン始動時のこのようなエンジン速度のオーバシュートは,従来のエンジンではよく見られた現象である.

また,エンジンモデルには実際のエンジンと同様に各種のバラツキ(始動前クランク角度,バッテリー電圧,フリクション)を組み込んでおり,制御器のロバスト性検証が可能である.

A.2 課題の特徴

図 A.3 は，この制御課題で，もっとも難しいと思われるエンジン特性について図示している．エンジンは燃焼（着火）と失火間の状態遷移を持っており，モデルでは空燃比 A/F が以下の範囲であるときに，燃焼室内の混合気は着火し，燃焼する設定としている．

$$A/F_{Low} \leqq A/F \leqq A/F_{High} \tag{A.2}$$

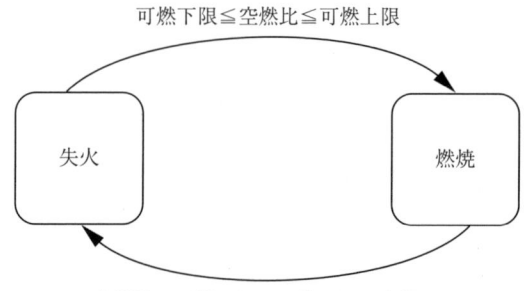

図 **A.3** エンジン挙動の状態遷移

式 (A.2) の状態が満たされないとき，混合気の着火に失敗（失火）し，燃焼しない．燃焼時と失火時のモデルはともに非線形性特性を有するが，特に燃焼時が強い非線形性特性を持つ．安定的に着火条件を満たすことができれば，非線形性は強いが安定であるので扱いやすいが，失火状態は非線形性は弱いが不安定であり，エンジン停止（エンスト）に陥る．したがって，エンジン制御の重要なことは，式 (A.2) の着火可能な空燃比とするような燃料量を安定的に燃焼室へ供給することである．

他の重要な特徴は，エンジン速度を制御する入力の冗長さである．三つの制御入力（スロットル開度，燃料噴射量，および点火時期）すべてがエンジン速度に影響するため，それぞれの役割付けが不可欠である．燃料噴射は，エンジ

ン排出ガス低減を考慮して，燃焼室内の空気量に対して空燃比を正確に理論空燃比に制御することに用いており，通常はエンジン速度制御には使用しない．スロットル開度は，点火時期と比べてエンジン速度制御の応答性は遅いものの，燃焼室内空気量を変化させることで，広い条件範囲でエンジン速度制御が可能である．点火時期は即応性が高いものの制御幅が小さい．さらに，燃焼効率を調整するために燃費悪化を併発するデメリットがある．

以上のことをまとめると，それぞれの制御入力の役割は以下のとおりとなる．

1) 燃料噴射量：排出ガスを考慮した空燃比コントロール
2) スロットル開度：燃費を考慮したエンジン速度制御
3) 点火時期：急速なエンジン速度制御

図 **A.4** は，この役割に沿った制御系構造例を示している．スロットル開度は連続時間で制御されるが，燃料噴射と点火時期は特定なクランク角度で気筒ごとに，1 サイクルごとに制御される．したがって，連続時間系と離散時間系の混在システムとしての制御設計が必要である．

エンジンモデルはつぎの一般的形式で説明される．

$$\frac{dx}{dt} = f(x, u) \tag{A.3}$$

ここで，x は状態量，u は入力を示す．

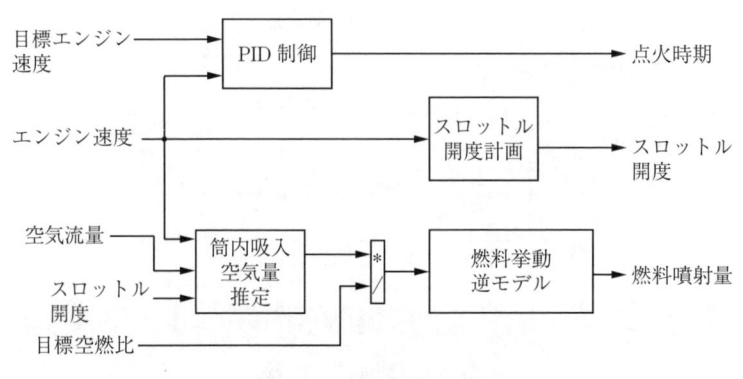

図 **A.4** 制御構造の一例

$$\frac{dx}{d\theta} = \frac{f(x,u)}{\omega} \tag{A.4}$$

θ はクランク角度，ω はエンジン速度である．式 (A.4) で，エンジンモデルを離散的なクランク角度システムに変えることができるものの，低いエンジン速度においては制御周波数が低下することになり，制御性悪化が予想される．これが始動直後のエンジン速度のオーバシュートを抑制することが難しい理由の一つである．それを回避するための有効な手段は，フィードフォワードである．

図 **A.5** に時間により変化する制御目標を示す．以上により，この問題に関する特徴は以下のようにまとめられる．

1) 安定状態と不安定状態とそれら状態間の遷移
2) 制御入力が冗長
3) 連続時間系と離散事象系の混合システム
4) 制御目的の時間変化
5) フィードフォワードとフィードバック

これらの特徴から，この問題が「複雑」であると考えることができる．ここで複雑とは，一つの方法だけでそれを解決することができず，いくつかの方法の組合せが必要であることを意味する．アイドル状態でのエンジン速度制御は線形制御の範囲でコントロール可能な簡単な課題である．このような簡単な課題

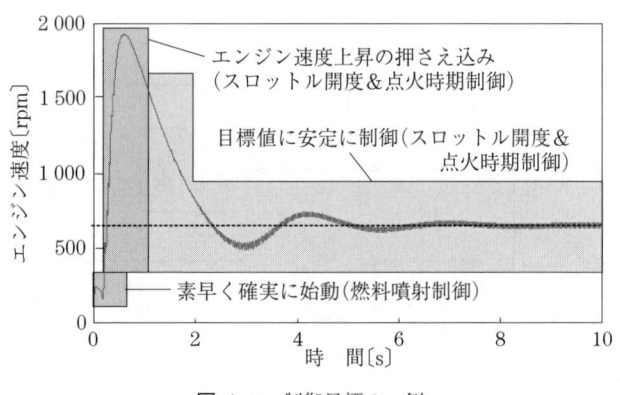

図 **A.5** 制御目標の一例

A.2 課題の特徴

に対しては，実際に，いくつかの先端制御が適用された例が報告されている[4]。しかし，今回取り扱う課題は，一つの方法で解決できずに，他の方法を結合することが必要とされる．自動車業界の技術者は，このタイプの複雑な課題を対処する必要があり，複雑な制御対象，あるいは複雑な制御目的に対して，制御設計を単純化するために全体の制御系を構造化し，単純な制御の組合せとして制御系設計を行う．これは，複雑を単純にするアプローチである．それに対し，学術界は簡単な課題を教育で積み重ねている．この制御開発を行うアプローチにおける産学での相違に着目し，このレベルの制御課題を採用した．

図 **A.6** は，図 A.4 で示される制御構造をベースに最適燃料噴射に基づくフィードフォワードだけによる制御結果の一例である．おおむね良好な制御結果が得られており，課題が要求する条件を満たしている．

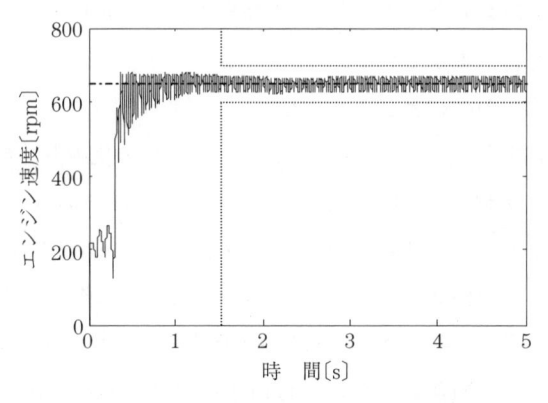

図 **A.6** エンジン始動の制御結果例

しかしながら，一般市場での燃料（組成など）の違いによる特性変化や，エンジンフリクション変化，実市場で起こり得る部品バラツキに対してもロバストな始動性を確保する必要がある．市場で信頼性を容易な作業で保証することは困難であり，通常はそれを実現するためには非常に多くの開発や確認のための作業と時間が必要である．その上に，このロバスト性向上は，他の要件（たとえば，排ガス低減など）とトレードオフの関係にある場合もあり，より効率的で正確な制御設計が望まれる．

A.3 挑戦者のアプローチ

本書の各著者をはじめとした 10 グループ以上が，本ベンチマーク問題にチャレンジした[5]~[11]。

ほとんどすべての挑戦者がエンジンを始動することに成功していたが，安定性評価の指標として用いることが可能なエンジン速度のオーバシュートや，バラツキに対する対応にはさらに検討の余地が残されるものも見られた。

挑戦者の多くがエンジンモデルから役に立つ情報を得ようとした。ある挑戦者はモデル式の構築に挑み，別の挑戦者はシミュレーションデータから単純な数式モデルを構築し，他は物理的な考慮を行った。これらはシステム次数と，モデルパラメタ数を減少させる「モデル簡易化」に関連する。このことからも，構造の認識が非常に重要であることが明らかである。

ほとんどすべての挑戦者が最適な入力の時間系列プロファイルを調査しようとした。ある挑戦者は試行錯誤手法を，そして，他の挑戦者は数値最適化手法を取った。この過程では，物理的な考察が有効な手段であることが示された。挑戦者の多数がモデル予測制御（model predictive control，略して MPC）の適用を検討した。MPC は今後も重要な役割を果たす可能性が予想される。

最後に，この研究活動のために MATLAB を提供いただき，エンジンモデルの実行速度高速化に貢献いただいた CYBERNET SYSTEMS CO., LTD. に感謝します。

付録 B

エンジンシミュレータ仕様書

B.1 エンジンモデル

B.1.1 モデル解説

図 B.1 に，エンジンモデルを示す[†]。エンジン本体 (engine)，スタータモータ (startor)，および制御ブロック (controller) から構成される．スコープブロック (scope) は，エンジン速度，吸気管圧力，スロットル弁通過空気流量，および 1 番シリンダのクランク角度をモニタするために追加されている．

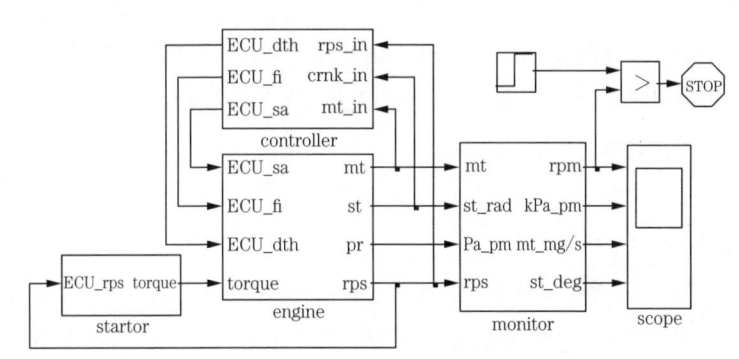

図 B.1 ベンチマークモデル

SICE エンジン・パワートレイン先端制御理論調査研究会
ベンチマーク問題
コントローラ検討用 Ver.2.5 (2009.04.01)

[†] 本モデルは，SICE エンジン・パワートレイン先端制御理論調査研究会にて供給したモデルから一部簡略化して記載している．

204   付録B. エンジンシミュレータ仕様書

図 B.2 にエンジン内部のモデル構成を示す．吸入される空気挙動を表現する空気系ブロック，シリンダのブロック，クランクシステムの力学モデルで構成される．シリンダブロックは左右バンクを持ち，各バンクには三つの燃焼室を有する 6 気筒のエンジンである．シリンダブロックでは，燃焼室内圧力プロフィル，吸気弁，排気弁を通過する空気流量などがクランク角度ごとに計算される．

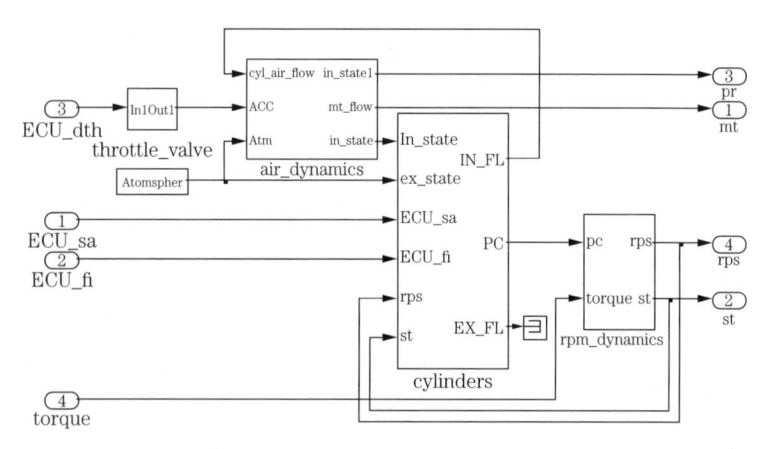

図 B.2 エンジンブロック内部の構成

エンジンへの制御入力はスロットル開度と，すべての気筒に対する燃料噴射量，点火時期であり，コントローラへの入力はクランク角度，エンジン速度，スロットル弁通過空気流量である．

B.1.2 バラツキモデル

（1） 仕　　様　　エンジンモデルには実際のエンジンと同様な各種のバラツキ（始動前クランク角度，バッテリー電圧，フリクション）を組み込んでおり，制御のロバスト性検証が可能である．

a) エンジンごとのフリクション T_f は，$\left\| \dfrac{T_f - T_{fs}}{T_{fs}} \right\| \leq \pm 20\%$，オンボードで計測不可である．

T_{fs}：ノミナルモデルのフリクショントルク

b) 始動時クランク角 $CA(0)$ は，0 or 60 or 120 or 180 or 240 or 300 or 360 or 420 or 480 or 540 or 600 or 660 degCA のいずれか近傍，オンボードで計測可能である。

ノミナルモデルは 0 degCA からクランキング開始。

c) クランキング速度 N_c は，$\|N_c - 250\| \leq \pm 50$ 〔rpm〕，オンボードで計測可能である。

(2) 設定方法

1) MATLAB を起動し，CD-ROM 中の engine_sim_set.m をエディタで開く。

2) 15 行目：difference のコメント化を解除。コメント化されていれば標準エンジンモデルと同じものである。（気圧，気温，始動時水温の変更は，differnce.m の PR0, Ta, Tw の値を変更）

3) engine_sim_set.m の実行により，エンジンバラツキの設定完了。engine_sim_set.m の実行ごとに異なるバラツキ値が設定される。

B.1.3 構成ファイル

(1) モデルファイル (*.mdl)　　Simulink で記述されるエンジンモデル

engine_cnt.mdl コントローラ検討用

engine_sim.mdl 動作確認用（噴射量自動制御）

(2) プログラムファイル (*.m)　　モデルファイルからコールされる関数

E_emiq_new.m 熱発生計算関数

func_*.m(10 ファイル) エンジン各部現象の計算関数

(3) 設定ファイル (*.m)　　シミュレーション実行前に MATLAB のワークスペース変数として定義

engine_sim_set.m シミュレーション条件，変数設定

variation.m バラツキを固定（engine_sim_set.m よりコールされる）

difference.m バラツキを設定（engine_sim_set.m よりコールされる）

test_emiq.m 排気ガスを設定（engine_sim_set.m よりコールされる）

`set_parameter.m` 燃料挙動モデルを設定（`engine_sim_set.m` よりコールされる）

`volume_set.m` 空気挙動計算用の設定（実行時にモデルよりコールされる）

B.1.4 実行方法

1) `engine_sim_set.m` を実行し，変数を設定する．
2) モデル（`engine_cnt.mdl`, `engine_sim.mdl`）を実行する．

B.2 設計仕様

制御結果として満たすべき状態を定常と過渡にて以下のように設定した．

B.2.1 定常特性に関する仕様

1) 閉ループ系が安定であること（必要条件）
2) エンジン速度が 650 rpm に漸近すること（必要条件）
3) 燃費最小であること

B.2.2 過渡特性に関する仕様

1) エンジン速度が 1.5 秒以内に 650 ± 50 rpm に落ち着くこと（必要条件）
2) エンジン速度のオーバシュートを低減すること
3) エンジン速度波形にチャタリングが起きないこと

引用・参考文献

1) E. Hendricks, et al.：Mean Value Modeling of Spark Ignition Engines, SAE Technical Paper, No.900616 (1990)
2) E. Hendricks, et al.：Mean Value SI Engine Model for Control Studies, Preceedings of the ACC 1990 No.TP10-6, San Diego CA (1990)

3) J.B. Heywood : Internal Combustion Engine Fundamental, New York: McGraw Hill (1988)
4) M. Abate et al. : Idle Speed Control Using Optimal Regulation, SAE Technical Paper No.905008 (1990)
5) T. Jimbo, et al. : Physical-Model-Based Control of Engine Cold Start via Role State Variables, 17th World Congress of IFAC, Seoul, pp.1024~1029 (2008)
6) S. Kitazono, et al. : Throttle Angle Control Based on Extremum Seeking Control and Its Application to Starting Speed Control of SI Engine, Journal of SICE, Vol.47, No.3, pp.210~214 (2008)
7) T. Jimbo, et al. : Physical-Model-Based Control via Eole State Variables, Journal of SICE, Vol.47, No.3, pp.215~218 (2008)
8) T. Rokusho, et al. : Search of Feedforward Input by PSO and GPC based on JIT Modeling for Startup Engine Control, Journal of SICE, Vol.47, No.3, pp.219~223 (2008)
9) J. Zhang, et al. : Model-based Cold-start Speed Control Design for SI Engines, Journal of SICE, Vol.47, No.3, pp.224~227 (2008)
10) M. Ogawa, et al. : Application of Large Scale Database-Based Online Modeling for Cold Start Control for SI Engine, Journal of SICE, Vol.47, No.3, pp.228~232 (2008)
11) T. Tanaka, et al. : Introduction to the Mathematical Model of Engine, Journal of SICE, Vol.47, No.3, pp.233~236 (2008)

索引

【あ】
圧縮行程　184
安定性　47

【い】
一般化モデル予測制御　94

【お】
重み付き局所回帰法　155
重み付き線形平均法　155

【か】
間欠性　176

【き】
逆モデル　181
吸気行程　184
吸気TDC（上死点）　124
局所モデル　155

【く】
空燃比　103, 177

【こ】
誤差逆伝播法　99

【さ】
最終予測誤差規範　101
三元触媒搭載　2
残留率　180

【し】
始動速度制御系　54
ジャストインタイム　151

【車両統合制御システム】　132
シリンダサイクル数　180

【す】
ステップワイズ法　157
スミスのむだ時間補償　135, 138

【せ】
セルフチューニング制御　120, 135, 138, 148

【そ】
相加平均法　155
速度制御　40

【た】
大規模データベース
　オンラインモデリング　151

【つ】
追従性　193

【て】
ディオファントス方程式　102
点火時期　58, 106

【と】
筒内状態動的モデル　14
トルクデマンド制御　132

【に】
ニューラルネットワーク　97

【ね】
熱損失　185
熱力学第一法則　16
燃焼熱　185
燃焼熱総量　178
燃料吸入量　180
燃料挙動モデル　104
燃料付着率　180
燃料噴射制御　94
燃料噴射量　55

【の】
ノミナルモデル　110

【は】
排気ガス再循環　135
排気行程　184
ハイブリッド性　193
バルブ付着量　180

【ひ】
ヒートリリース率　25
火花点火エンジン　120

【ふ】
フィードバック　94
フィードフォワード　94

【へ】
平均値モデル　13, 40
平衡点　45
変数減少法　160
変数増加法　158, 160

索引 209

【ほ】

放射基底関数	97
膨張行程	183
ポート温度	185
ポート付着量	180

【む】

むだ時間	46

【や】

役割入力	80
役割変数	68, 78

【よ】

要求点	100, 151

【ら】

ラグランジュ方程式	70

【り】

離散型極値探索制御	123, 147
離散時間極値探索制御	120
離散事象	176, 181
理想気体の状態方程式	16, 41
粒子群最適化	94
流量関数	66, 71
理論空燃比	103, 142, 177, 197

◇──────────◇──────────◇

【A】

ARX モデル	99

【B】

back propagation	99

【C】

CHR (Chien, Hrones and Reswick) 法	170
Cooperative PSO	95
CPSO	95

【D】

Diophantine 方程式	102

【E】

ECU	1

【F】

F 値	159
final prediction errors	101
Floquet の定理	82
Floquet 変換	83, 84
FPE	101

【G】

GPC	94

【H】

HEGO センサ	2

【I】

intake-to-power delay	42
in-cylinder dynamical model	14

【J】

JIT 法	94
JIT モデリング	152
Just-In-Time 法	94

【K】

k-NN	154
k-SN	154

【L】

LQI	88
Lyapunov-Krasovski 汎関数	49
Lyapunov-Krasovskii 安定定理	48

【M】

MBD	2
MBT	120, 129
mean-value model	13, 40
model-based development	2

【P】

PE 性	139
PI 制御	141
PSO	94
p–V 線図	31, 121

【Q】

query	100

【R】

radial basis function	97
RBF	97
reverse operation	96
RO	96

【S】

SA	96
sigmoid 関数	98
simulated annealing	96

【W】

wall-wetting dynamics	22
Weibe 関数	26, 66
Woschni 関数	66

―― 編著者略歴 ――

申　鉄龍（しん　てつりゅう）
1982年　中国東北重型機械学院自動制御工学部卒業
1986年　中国東北重型機械学院大学院修士課程修了（自動制御専攻）
1992年　上智大学大学院博士後期課程修了（機械工学専攻）
　　　　博士（工学）
1992年　上智大学助手
2006年　上智大学助教授
2008年　上智大学准教授
2009年　上智大学教授
　　　　現在に至る

大畠　明（おおはた　あきら）
1973年　東京工業大学工学部制御工学科卒業
1973年　トヨタ自動車株式会社勤務
2009年　トヨタ自動車株式会社理事
2015年　トヨタ自動車株式会社退職
2017年　株式会社テクノバ勤務（シニアアドバイザー）
2018年　株式会社テクノバ退職
2018年　上智大学客員研究員
　　　　現在に至る

自動車エンジンのモデリングと制御
―― MATLAB エンジンシミュレータ CD-ROM 付 ――
Modeling and Control Design for Automotive Engines

　© Tielong Shen, Akira Ohata 2011

2011 年 3 月 23 日　初版第 1 刷発行
2018 年 6 月 20 日　初版第 4 刷発行

検印省略

編　著　者　　申　　　鉄　龍
　　　　　　　大　畠　　　明
発　行　者　　株式会社　コロナ社
　　　　　　　代　表　者　　牛来真也
印　刷　所　　三美印刷株式会社
製　本　所　　有限会社　愛千製本所

112-0011　東京都文京区千石 4-46-10
発　行　所　株式会社　コロナ社
CORONA PUBLISHING CO., LTD.
Tokyo Japan
振替 00140-8-14844・電話(03)3941-3131(代)
ホームページ　http://www.coronasha.co.jp

ISBN 978-4-339-04610-6　C3053　Printed in Japan　（中原）

JCOPY　＜出版者著作権管理機構　委託出版物＞
本書の無断複製は著作権法上での例外を除き禁じられています。複製される場合は、そのつど事前に、出版者著作権管理機構（電話 03-3513-6969、FAX 03-3513-6979、e-mail: info@jcopy.or.jp）の許諾を得てください。

本書のコピー、スキャン、デジタル化等の無断複製・転載は著作権法上での例外を除き禁じられています。購入者以外の第三者による本書の電子データ化及び電子書籍化は、いかなる場合も認めていません。
落丁・乱丁はお取替えいたします。

産業制御シリーズ

(各巻A5判)

- ■企画・編集委員長　木村英紀
- ■企画・編集幹事　新　誠一
- ■企画・編集委員　江木紀彦・黒崎泰充・高橋亮一・美多　勉

			頁	本体
1.	制御系設計理論とCADツール	木村・美多／新・葛谷 共著	172	2300円
2.	ロボットの制御	小島利夫 著	168	2300円
3.	紙パルプ産業における制御	神大・長倉・森川村／佐々木・山下 共著	256	3300円
4.	航空・宇宙における制御	畑剛司／泉達／川口淳一郎 共著	208	2700円
5.	情報システムにおける制御	大平力／前井洋伸／涌井武二 編著	246	3200円
6.	住宅機器・生活環境の制御	鷲田翔／野中博／田中二 編著	248	3300円
7.	農業におけるシステム制御	橋本村／大本下森本／鳥居瀬 共著	200	2600円
8.	鉄鋼業における制御	高橋亮一 著	192	2600円
9.	化学産業における制御	伊藤利昭 編著	224	2800円
10.	エネルギー産業における制御	松村司郎／平山開一郎 共著	244	3500円
11.	構造物の振動制御	背戸一登 著	262	3700円

以下続刊

自動車の制御	大畠・山下 共著	
環境・水処理産業における制御	黒崎・宮本／栗山・前田 共著	
船舶・鉄道車両の制御	寺田・高岡／井床・西／渡邊・黒崎 共著	
騒音のアクティブコントロール	秋下貞夫 他著	

現代制御シリーズ

(各巻A5判，欠番は品切です)

- ■編集委員　中溝高好・原島文雄・古田勝久・吉川恒夫

配本順				頁	本体
4. (5回)	モーションコントロール	土原康彦／手島文雄 共著		242	3200円
7. (9回)	アダプティブコントロール	鈴木　隆 著		270	3500円
8. (6回)	ロバスト制御	木村英紀／藤井隆雄／森武宏 共著		210	2600円
10. (8回)	H^∞ 制御	木村英紀 著		270	3400円

定価は本体価格+税です。
定価は変更されることがありますのでご了承下さい。

図書目録進呈◆

コンピュータダイナミクスシリーズ

(各巻A5判，欠番は品切です)

■日本機械学会 編

　　　　　　　　　　　　　　　　　　　　　　　　頁　本体

3．マルチボディダイナミクス(1)　　清水　信行 共著　324　4500円
　　　―基礎理論―　　　　　　　　今西　悦二郎

4．マルチボディダイナミクス(2)　　清水　信行 編著　272　3800円
　　　―数値解析と実際―　　　　　曽我部　潔

加工プロセスシミュレーションシリーズ

(各巻A5判，CD-ROM付)

■日本塑性加工学会編

　配本順　　　　　　　　　　　　(執筆者代表)　　頁　本体

1．(2回)　静的解法FEM―板成形　　　牧野内　昭武　300　4500円

2．(1回)　静的解法FEM―バルク加工　森　謙一郎　　232　3700円

3．　　　　動的陽解法FEM―3次元成形

4．(3回)　流動解析―プラスチック成形　中野　亮　　272　4000円

定価は本体価格+税です。
定価は変更されることがありますのでご了承下さい。

図書目録進呈◆

システム制御工学シリーズ

（各巻A5判，欠番は品切です）

■編集委員長　池田雅夫
■編集委員　足立修一・梶原宏之・杉江俊治・藤田政之

配本順	書名	著者	頁	本体
2.（1回）	信号とダイナミカルシステム	足立修一著	216	2800円
3.（3回）	フィードバック制御入門	杉江俊治／藤田政之共著	236	3000円
4.（6回）	線形システム制御入門	梶原宏之著	200	2500円
6.（17回）	システム制御工学演習	杉江俊治／梶原宏之共著	272	3400円
7.（7回）	システム制御のための数学（1）―線形代数編―	太田快人著	266	3200円
8.	システム制御のための数学（2）―関数解析編―	太田快人著		
9.（12回）	多変数システム制御	池田雅夫／藤崎泰正共著	188	2400円
10.（22回）	適応制御	宮里義彦著	248	3400円
11.（21回）	実践ロバスト制御	平田光男著	228	3100円
13.（5回）	スペースクラフトの制御	木田隆著	192	2400円
14.（9回）	プロセス制御システム	大嶋正裕著	206	2600円
17.（13回）	システム動力学と振動制御	野波健蔵著	208	2800円
18.（14回）	非線形最適制御入門	大塚敏之著	232	3000円
19.（15回）	線形システム解析	汐月哲夫著	240	3000円
20.（16回）	ハイブリッドシステムの制御	井村順一／東俊一／増淵泉共著	238	3000円
21.（18回）	システム制御のための最適化理論	延山英沢／瀬部昇共著	272	3400円
22.（19回）	マルチエージェントシステムの制御	東俊一／永原正章編著	232	3000円
23.（20回）	行列不等式アプローチによる制御系設計	小原敦美著	264	3500円

定価は本体価格+税です。
定価は変更されることがありますのでご了承下さい。

図書目録進呈◆

計測・制御テクノロジーシリーズ

（各巻A5判，欠番は品切または未発行です）

■計測自動制御学会 編

配本順			頁	本体
1. （9回）	計測技術の基礎	山﨑 弘郎／田中 充 共著	254	3600円
2. （8回）	センシングのための情報と数理	出本 口多 光一郎／敏 共著	172	2400円
3. （11回）	センサの基本と実用回路	中松 沢井田 信明／利山 一功 共著	192	2800円
4. （17回）	計測のための統計	寺本 顕／椿 広計 共著	288	3900円
5. （5回）	産業応用計測技術	黒森 健一他著	216	2900円
6. （16回）	量子力学的手法による システムと制御	伊丹・松井／乾・全 共著	256	3400円
7. （13回）	フィードバック制御	荒木 光彦／細江 繁幸 共著	200	2800円
9. （15回）	システム同定	和田・奥／田中・大松 共著	264	3600円
11. （4回）	プロセス制御	高津 春雄編著	232	3200円
13. （6回）	ビークル	金井 喜美雄他著	230	3200円
15. （7回）	信号処理入門	小畑 秀文／浜田村 望安孝 共著	250	3400円
16. （12回）	知識基盤社会のための 人工知能入門	國中 藤田 進久／羽山 豊徹 彩 共著	238	3000円
17. （2回）	システム工学	中森 義輝著	238	3200円
19. （3回）	システム制御のための数学	田村 捷利／武藤 康彦／笹川 徹史 共著	220	3000円
20. （10回）	情 報 数 学 ―組合せと整数および アルゴリズム解析の数学―	浅野 孝夫著	252	3300円
21. （14回）	生体システム工学の基礎	福岡 豊／内山 孝憲／野村 泰伸 共著	252	3200円

定価は本体価格+税です。
定価は変更されることがありますのでご了承下さい。

図書目録進呈◆